高效聚能战斗部设计与毁伤效应

周方毅　詹发民　王伟力　著

国防工业出版社
·北京·

内 容 简 介

本书针对一种高效聚能战斗部的结构设计和毁伤效应进行了详细的论述，旨在进一步揭示高效聚能战斗部的毁伤机理。通过对聚能战斗部的发展趋势、基本理论以及高效聚能战斗部侵彻机理、结构设计、毁伤效应和试验研究进行全面的介绍，重点突出了战斗部的设计方案和毁伤效应，比较全面地反映了近年来国内外关于聚能爆破理论与实践方面的最新成果。

本书可作为相关院校爆破专业研究生的参考教材，也可作为有关工程技术人员的参考用书。

图书在版编目(CIP)数据

高效聚能战斗部设计与毁伤效应 / 周方毅，詹发民，王伟力著. — 北京 ：国防工业出版社，2020.7(2024.11 重印)
ISBN 978-7-118-12134-6

Ⅰ. ①高… Ⅱ. ①周… ②詹… ③王… Ⅲ. ①战斗部-研究 Ⅳ. ①TJ410.3

中国版本图书馆 CIP 数据核字(2020)第 136854 号

※

国防工業出版社 出版发行
(北京市海淀区紫竹院南路 23 号　邮政编码 100048)
北京凌奇印刷有限责任公司印刷
新华书店经售

*

开本 710×1000　1/16　**印张** 7½　**字数** 127 千字
2024 年 11 月第 1 版第 2 次印刷　**印数** 2001—2500 册　**定价** 38.00 元

(本书如有印装错误，我社负责调换)

国防书店：(010)88540777　　书店传真：(010)88540776
发行业务：(010)88540717　　发行传真：(010)88540762

前言

随着防护技术的不断发展,现代舰船的抗爆炸冲击能力日益增强。其主要体现在舰艇采用多密封舱室或者双层壳体结构,同时采用高强度钢或镍合金等材料制造耐压壳体,高强度耐压壳体连同水层和钢外壳共同构成现代舰艇的坚固防护外壳,使其抗爆炸冲击性能得到了很大的提高。采用普通爆破型战斗部,仅仅依靠装药爆炸在水中形成的冲击波和气泡脉动毁伤目标,其能量利用率低,已很难重创现代舰艇。基于此,对一种高效组合药型罩聚能战斗部进行结构设计,深入研究战斗部对现代舰艇的毁伤机理,对大幅提升武器装备的威力性能具有重要的意义。

本书的主要内容包括:聚能战斗部的发展趋势;聚能战斗部的基本理论,在常见三类战斗部的基础上提出了流弹组合型战斗部,并分别介绍了聚能射流、爆炸成型弹丸与聚能杆式侵彻体基本理论;高效聚能战斗部侵彻机理,分别进行了前级射流和后级弹丸的理论分析,并予以综合考虑;高效聚能战斗部结构设计,分析了影响聚能效应的主要因素,采用正交设计方法结合数值仿真结果,得出了最优的结构设计方案;高效聚能战斗部毁伤效应,采用数值模拟方法对毁伤结果进行了分析;高效聚能战斗部试验研究,通过试验验证了高效聚能战斗部毁伤效果。

本书由海军潜艇学院防险救生系周方毅副教授、詹发民教授以及海军工程大学王伟力教授撰写,海军潜艇学院水下爆破教研室姜涛副教授参与了编写工作。本书共六章,其中第一章、第三章、第五章由周方毅执笔;第二章由王伟力执笔;第四章由姜涛执笔;第六章由詹发民执笔。周方毅同志对全书进行了统稿,黄雪峰博士对全书进行了校对,全书由张可玉教授、张永副教授主审。

在本书的编写过程中参考了一些专家的文献资料,得到了学院机关和兄弟单位的大力支持,在此表示衷心的感谢。

由于作者水平有限,加之编写时间仓促,书中一定存在疏漏和不足之处,敬请读者批评指正。

作者

2019 年 10 月

目 录

绪　论

随着现代舰艇等装备强度和结构性能的不断提升以及防护工程技术的逐步完善,其抵抗破坏的能力日益加强,主要体现在舰艇采用高强度合金钢作为壳体以及采用双层壳体或者复合结构[1-3]。例如,俄罗斯"奥斯卡"级潜艇采用苏联核潜艇独有的双壳体结构,防护外壳包含高强度耐压壳体、中间水层以及钢外壳等结构,具备良好的抗爆炸冲击性能。当潜艇在水下航行时,内外层壳体间的耐压水舱将灌满海水,该压载水厚达3m,使得"奥斯卡"级潜艇的水下抗碰撞、抗冲击与抗爆炸能力明显增强。按照设计人员对"奥斯卡"级潜艇的设计要求:假如一枚轻型常规鱼雷命中潜艇中部,在击穿潜艇外壳、击毁位于耐压壳体外部的潜对舰导弹发射筒之后,鱼雷继续穿过厚达3m的水层,根本无法进一步毁伤潜艇的耐压壳体[4]。为进一步加强抗沉性,设计人员把"奥斯卡"级潜艇从艇艏至艇艉共分成为9个耐压舱,并严格按照不沉性标准设计和制造。理论上,任何一个舱室进水,都不会影响潜艇执行战术任务。即使两三个舱室进水,潜艇依然能够漂浮在海上数小时,给潜艇艇员留下了一定的逃生时间。

由此可见,鱼雷尤其是轻型鱼雷采用普通爆破型战斗部,仅仅依靠装药爆炸在水中形成的冲击波和气泡脉动毁伤目标,其能量利用率低,已很难重创现代舰艇。即使采用普通聚能型战斗部,也难以达到严重毁伤现代水面舰艇和潜艇的目标。为此,西方发达国家纷纷投入大量人力和物力,不断开发和完善聚能战斗部技术,设计了各种新型战斗部来提高聚能战斗部对新型装甲的侵彻能力[5]。鱼雷战斗部采用聚能装药结构和串联战斗部是世界鱼雷技术发展的方向。国外在这一领域具有较大的技术优势。目前,美国的"MK-50"、法国的"海鳝"及英国的"鳐鱼"等轻型鱼雷均已采用复合式鱼雷战斗部技术。

随着引信动作方式、制导方式的改变,鱼雷对舰艇的攻击方式从最初的接触爆炸逐渐转变为非接触爆炸。但是,随着舰艇的防御能力进一步增强,非接触爆炸条件下采用普通爆破型战斗部的鱼雷,其爆炸威力有限,已很难重创现代舰艇。在提高鱼雷自导精度和命中概率后,重新回到接触爆炸的轨道上来,并且使用威力更大的新型聚能战斗部，方可做到一次命中即有效毁伤目标[6]。这种战斗部的结构形式虽各有不同，但是都有一个共同的特点，即采用聚能战斗部。因此，高效的聚能战斗部研究将在很长时间内占据主导地位。随着对武器发展要求小型化、智能化，鱼雷攻击方式又开始呈现出由非接触爆炸向接触爆炸转变的趋势。

与此同时，潜艇壳体也开始向复合壳体结构发展，即在潜艇耐压壳体或非耐压壳体上再增添一层或多层“软介质”，该中间层“软介质”能有效衰减冲击波的压力峰值，减小装药的破坏作用，使得潜艇的抗爆性能大为提高[7-10]。

因此，需要根据攻击目标的特点，合理设计战斗部结构，以达到彻底击沉敌舰船的目的。本书重点介绍了一种高效聚能鱼雷战斗部，通过对组合药型罩聚能战斗部展开结构优化设计，来研究其对舰艇的毁伤机理。书中的相关研究成果既可用于指导高效聚能鱼雷战斗部的结构设计，提高水中兵器的毁伤效能，同时也对加强现代舰船的抗爆炸与冲击设计具有良好的借鉴作用。

第一章 聚能战斗部的发展趋势

第一节 聚能战斗部的研究进展

聚能装药战斗部(聚能战斗部)是利用聚能效应对目标实施毁伤的战斗部。为有效提高对现代舰艇的毁伤能力,在提高水中兵器制导精度和命中概率的基础上,采用聚能型装药成为水中兵器发展的一个重要方向[11-12]。聚能战斗部爆炸后形成的金属射流或自锻破片具有很强的侵彻能力,可以破坏舰艇装甲和内部纵深方向的设备和结构,其破甲深度可达数倍甚至10倍以上药型罩口径[12-13]。目前,国内外对聚能装药技术的研究主要集中在性能优化上,从装药结构及各组成部分入手进行了大量深入的研究,但对战斗部的毁伤性能研究相对较少,对聚能型战斗部水下作用规律和毁伤机理的研究更是不够深入[12]。

一、国外研究进展

西方发达国家不断开发和完善聚能战斗部技术,其中就包括爆炸成形战斗部技术的改进,聚能战斗部威力得以大幅度提高。目前,破—爆式、破—破式、破—穿式、穿—破式、穿—爆式等串联战斗部在世界范围内广泛应用。另外,多级串联战斗部以及多用途串联战斗部等也已经研发应用[14]。例如,世界上最具代表性的战斗部有英、法合作完成的BROACH战斗部和德、法合作完成的Mephisto战斗部。

各种不同类型的串联战斗部应运而生,实现了装药在目标内部的爆破,大大提高了对所需破坏目标的毁伤作用。串联战斗部主要利用前级聚能装药预先开孔,后级爆破装药进入目标爆炸,实现对目标的高效毁伤。该战斗部与普通战斗部相比,其对单一介质的整体硬目标侵彻深度要大1~2倍,有效解决了侵彻孔径和穿孔深度等技术难题,确保了合理的孔径与穿深,保证了较大的破孔直径,为后级弹丸的顺利随进破坏提供了低能耗通道。

国外鱼雷在聚能战斗部领域具有较大的技术优势。目前,美国的“MK-50”、法国的“海鳝”及英国的“鳐鱼”等轻型鱼雷均已采用复合式鱼雷战斗部技术[15]。鱼雷采用聚能装药结构,装药仅为40~60kg。通过对药型罩的科学设计，能产生高速的自锻弹丸，其外形良好、质量大（5～12kg），能在水中保持良好的形状，有效攻击距离高达15～25m，能轻易穿透具有含水夹层的双层结构防护装甲舰壳体。在自锻弹丸预先开辟通路的情况下，携带有几十千克装药的第二级战斗部能进入潜艇或航空母舰内部实施随进爆炸。因此，可利用具有复合式战斗部的鱼雷来攻击具有较强抗爆能力的核潜艇和航空母舰等大中型舰船。

美国"MK－50"鱼雷战斗部采用聚能装药结构，其装药分为A、B两部分，A部分为副炸药，B部分为主装药，B装药较A装药存在几十微秒的爆炸延时。因此，当A部分攻破潜艇外壳后，B部分才引爆。由于两次爆炸方向完全一致，能达到有效摧毁潜艇耐压壳体，一次击沉敌潜艇的目的。据相关资料报道[4]，"MK－50"鱼雷曾在试验中炸穿过173cm厚的钢质舰体，相对常规鱼雷而言，其破坏威力增加了3倍以上。经推算，虽然其仅装载约50kg的炸药，但是攻击效果甚至能超过装载300kg炸药的大型鱼雷对潜攻击的效果。除此之外，英国的"旗鱼"型鱼雷、法国的"MU－90"型鱼雷也都应用了类似的技术。

二、国内研究进展

国内从事聚能型鱼雷战斗部方面的研究的机构和人员较少，研究起步比较晚。中国船舶工业集团705研究所高级工程师步相东[16]通过分析爆轰波波形控制技术理论，研究了新型鱼雷战斗部的爆轰波形控制技术，提出了一种新型鱼雷战斗部的结构模型，拟通过控制爆轰波波形来提高战斗部的穿甲效果。其所著文章详细地描述了一种新型鱼雷战斗部模型，利用爆轰波波形控制技术，提高聚能装药金属射流形成的质量，使战斗部的第一级爆炸对目标的毁伤能力有所加强。研究表明，通过调整和控制爆轰波形，形成良好的爆轰波波形，可以减小爆轰波波阵面与药型罩外壁的夹角，增强作用在药型罩上的爆轰压力，从而提高药型罩的压垮速度，增大药型罩的压垮角，增加射流速度，大幅提高鱼雷战斗部对目标的侵彻力和射流自身的稳定性。通常，国内外在聚能破甲战斗部中一般采用隔板、平面波发生器或爆炸逻辑网络等方式实现对爆轰波的调整。

中国工程物理研究院总体研究所的凌荣辉、钱立新[6]等展开了聚能型鱼雷战斗部对潜艇目标毁伤的试验研究。通过对爆炸成型弹丸的形成和对目标的毁伤机理分析，利用某型鱼雷的战斗部模型以及水柜模拟的潜艇双层壳体模型，展开了试验研究。试验结果表明：该型战斗部对双层壳体的毁伤效果，明显优于普通的爆破型战斗部。另外，从试验结果还发现：不同的药型罩的质量、口径与结构方式，所形成的弹丸速度与长径比各不相同，破甲能力也存在较大的差别。药型罩所形成的弹丸质量大则速度慢；长径比大小不同，则导致水中受到的阻力大小不同，阻力大小取决于弹丸长径比、弹丸速度及外形。就破甲而言，应选择速度大、质量大、长径比适当的弹丸。

胡功笠[15]等通过模拟威力试验验证了应用复合式鱼雷战斗部攻击抗爆能力强的大、中型潜艇的可行性；通过对其结构与性能的研究，提出了增强战斗部威力的措施，为进一步指导复合式鱼雷战斗部的设计提供了参考。

杨莉[17-18]等利用电探针测试技术及脉冲X光高速摄影技术研究了用于反舰（潜）复合式鱼雷战斗部前级聚能装药爆炸成型弹丸的飞行特性以及对含水复合装甲侵彻规律；之后，还进行了反舰聚能战斗部装药结构研究，为复合式鱼雷战斗部的优化设计提供了参考。试验结果表明：聚能装药战斗部采用变壁厚球缺药型罩时有利于对大间隔含水复合装甲防护结构的侵彻。

李兵[19]等展开了水中聚能战斗部毁伤双层圆柱壳的数值模拟与试验研究，针对球缺型药型罩聚能装药采用于光滑粒子流体动力学（SPH）—有限元方法（FEM）耦合算法，从金属射流、爆炸冲击波载荷及气泡脉动载荷三个方面，对聚能射流形成过程及聚能战斗部对双层圆柱壳结构的毁伤过程进行分析，探索聚能战斗部水中兵器对双层壳舱段模型的毁伤特性，并进行了海上模型试验验证。

周方毅[1-2,20-23]等展开了圆锥、球缺组合药型罩以及双球缺组合药型罩聚能鱼雷战斗部研究，通过建立两种聚能战斗部水中接触爆的力学物理模型，利用大型有限元软件LS-DYNA进行数值模拟计算和相关试验研究。研究结果表明，这两种结构产生的聚能射流能为后续爆炸成型弹丸（EFP）随进破坏提供运动空间，增强了对目标的破坏效应，能有效破坏带含水夹层圆柱壳结构的目标。其中，双球缺组合药型罩聚能战斗部相对圆锥、球缺组合药型罩聚能战斗部具有更好的破坏效果。

中国工程物理研究院的谭多望[24]等从聚能射流、EFP、高速杆式弹丸三个方面研究了成型装药的新进展；他还在博士论文中研究了高速杆式弹丸的成型机理[25]；庞勇等[26]应用LS-DYNA软件，研究了钻地弹前级球缺型药型罩爆炸成型弹丸问题。

中国科学技术大学的李成兵[27]对高速杆式弹丸展开了初步研究，对聚能杆式弹丸侵彻水夹层复合靶相似律进行了分析[28]；秦友花[29]等利用光测和电测手段对爆炸形成EFP过程进行了试验研究。

北京理工大学爆炸灾害预防与控制国家重点实验室的恽寿榕、黄风雷等结合同口径破—破型串联战斗部的试验，展开了大锥角聚能装药的射流形成及对多层靶板的侵彻过程的数值模拟研究[30]。张雷雷[31]等采用脉冲X光照相、威力效应试验及数值模拟等方法，研究了两种不同形状大锥角药型罩聚能装药对混凝土的侵彻能力。吴成[32]等基于聚能射流的基本原理，依据聚能装药形成射流的规律,利用VESF装置展开了多模态试验研究,分析了VESF装置参数改变对射流的影响,指出了设计高效聚能战斗部的新途径。廖莎莎[33]等运用试验方法,针对聚能战斗部在水介质中的侵彻毁伤问题,对比分析了钨铜合金药型罩和紫铜药型罩形成射流杆的水中侵彻特性。安二峰[34]等从能量利用的观点出发,设计了一种将聚能射流与EFP相结合的新型聚能战斗部装药结构;李传增[35]等研究了EFP对装甲靶板的高速冲击效应。

南京理工大学的黄正祥[36-37]在博士论文中研究了聚能杆式侵彻体的成型机理。曹兵[38-39]运用脉冲X光摄影技术展开了EFP对有限厚靶板及水中舰船模拟靶的侵彻试验研究,分析了EFP在水中的运动过程,研究了EFP战斗部的水下作用特性。段卫毅[40]等应用正交设计方法,分析了药型罩曲率半径、装药高度、药型罩壁厚和壳体厚度等因素对线性爆炸成型弹丸(LEFP)成型影响的主次关系。

与先进的西方国家相比,我国的鱼雷研发经历了非常艰难的路程。与鱼雷其他方面的发展相比,我国在鱼雷的核心部分——战斗部方面的研究还存在很大的差距。战斗部作为鱼雷的有效爆炸载荷,其装药数量、质量、爆炸方式以及鱼雷命中目标的位置、舰艇结构等因素直接决定了战斗部对目标的毁伤程度。基于自身安全的考虑,设计师在现代舰艇的结构设计与材料选择方面展开大量的研究工作,并且将其研究成果应用于潜艇上,极大地增加了潜艇的下潜深度与抗爆能力。因此,在鱼雷装药量及炸药性能受到限制的情况下,必须通过新的爆炸技术来提高战斗部的威力。但是,由于鱼雷水下爆炸环境的特殊性和复杂性,鱼雷爆炸技术方面在相当长的时间内都没能取得较大的突破。

第二节 战斗部威力提升的途径

近几十年来,国内外战斗部技术的发展十分迅猛,新的战斗部机理和设计理念层出不穷。就聚能装药战斗部而言,一般可通过研发新的高能炸药、采用各种重金属药型罩材料、设计各种不同结构的药型罩等途径提高战斗部威力。

一、战斗部威力提升的常用方式

(一)采用新材料

随着各个国家在不同材料研究上的突破,新材料有可能被用于聚能战斗部。例如,新型炸药的采用,可以使聚能战斗部具有高爆速和良好的安定性;而战斗部的药型罩则可采用活性材料或者合金等新材料。

聚能射流仅能在目标上形成深而小的孔,因而对大型目标的毁伤效果不佳。

为扩大射流的周向毁伤效果,美国科学家根据终点释能战斗部原理,研究了一种名叫"Barnie"的成型装药,该装药由活性材料制作而成[41]。药型罩在射流形成过程中并不发生氧化反应,而在与目标作用时发生氧化反应,并且释放出大量的能量,有利于扩大毁伤效果。与铝药型罩聚能装药相比,相同尺寸的 Barnie 装药对半无限混凝土靶的侵彻孔有了显著的增加。通过原理演示实验,美国海军研究署估计活性破片战斗部潜在的毁伤威力能比普通战斗部大5倍。活性材料药型罩装药原理与活性破片战斗部相同,是提高聚能装药威力的可行技术途径之一[25]。

(二) 采用新概念

随着技术的发展,一些新概念开始应用于装药结构以及药型罩结构的设计。例如,设计有 K 装药(K-charge)、W 装药、多 EFP 装药以及多模式装药等;在药型罩方面则采用双层或多层药型罩以及设计变锥角药型罩等。

K 装药[42-43]作为一种低长径比的高效射流装药,其长径比低于1,采用铜或钼药型罩和环形起爆方式,能产生极高速度的射流,并且射流质量大、侵彻能力强。K 装药射流质量超过药型罩的80%,杵体小而分散,不会堵塞侵彻通道;其铜药型罩的射流头部速度最高可达10km/s,而钼药型罩的射流头部速度最高可达12km/s。该装药既可用于反坦克武器系统,摧毁各种反应装甲与陶瓷装甲,还可作为串联战斗部前级装药,用于为后级装药开辟侵彻通道。作为反装甲串联战斗部的前置装药,K 装药对后置主装药破甲的影响非常小。

为增大战斗部对靶板的侵彻孔径,提出了 W 装药[44-45]。该装药因其药型罩剖面像字母"W"而得名,适用于要求侵彻孔径大、但深度相对较浅的情形,如串联式反舰战斗部的前级装药。在爆轰驱动下,W 装药药型罩边缘将向轴心运动,其中心部位发生断裂并向外运动。通过调整药型罩的锥角,可分别形成桶状射弹或桶状射流。

多 EFP 装药通过设计多个药型罩来增强战斗部毁伤威力。例如,德国研制的 Kormoran 空对舰导弹战斗部,德国和法国联合研制的 Roland 防空战斗部。为提高综合毁伤效率,近几年来还出现了另一种形式的多 EFP 装药[46-49]。其设计理念是在主药型罩周围布置多个小型药型罩,装药爆炸后形成 EFP 群,中心大 EFP 用于对付较厚的装甲目标,周围小 EFP 用于毁伤轻装甲和杀伤人员。

为实现一种弹药攻击多种目标,减轻战场配置多种弹药的负担,研制了多模式装药[50-51]。通过调整结构和起爆方式,该装药能产生不同类型的侵彻体,如破片型侵彻体、EFP 侵彻体、射流型侵彻体等,达到不同的作战目的。

为进一步增大装药的破坏威力,还发展了双层药型罩、多层药型罩以及变锥角药型罩。双层药型罩由内外罩复合而成,药型罩内层为高密度的难熔金属,外层为延展性良好的易熔金属，通过控制内外罩的质量比，可得到完全分开的EFP。该药型罩的能量转换与吸收机制更加合理，化学能的利用率更为充分，对靶板的侵彻性能更为突出，是国内外战斗部领域研究的热点之一[5]。双层或多层药型罩的提出为反导多EFP技术和水下反潜武器提供了新的技术途径。

变锥角药型罩可由不同形式组合而成。例如，柱锥结合罩战斗部[52]产生的射流质量、密度和头部速度明显提高。圆锥与球缺组合式变锥角药型罩[2,20,53]聚能战斗部所形成的高速杆式射流既具有聚能射流的特点，又具有爆炸成形弹丸的特点。该侵彻体具有较大的长径比与有效炸高，质量和速度明显增大。双球缺组合药型罩聚能战斗部原理和圆锥与球缺组合式变锥角药型罩聚能战斗部类似，毁伤威力更大[1]。裂锥型与喇叭型组合式新型聚能战斗部[34]也是将聚能射流与爆炸成型弹丸相结合，利用射流为后续EFP开辟通路，用以提高战斗部对目标的侵彻能力。为提高鱼雷战斗部对大型舰艇的毁伤能力，傅磊[54]等提出一种环型—球缺/大锥角组合药型罩作为鱼雷串联战斗部的前级装药结构，其结构由周向的环型药型罩与中心的球缺罩或大锥角罩组合而成。

（三）研究新技术

近些年来，一些新的技术如串联聚能装药战斗部串联技术受到世界各国的普遍重视，发展十分迅速[14]。根据不同的军事目的，发展有穿—爆式、穿—穿式、穿—破式、破—穿式串联战斗部等多种类型。第一级战斗部采用聚能装药，爆破后形成高速射流对目标侵彻形成通道，第二级战斗部从通道跟进，到达目标内部后爆炸。串联战斗部利用动能侵彻实现了对目标的高效毁伤，破坏力巨大。

二、战斗部威力提升的可行性分析

具体对鱼雷战斗部而言，世界各国海军均在大力发展新型鱼雷，研制新的应用于鱼雷的战斗部。鱼雷作为常规潜艇实施攻击的主要武器，必须大幅度提高其战斗部的爆炸威力，才能有效毁伤敌水面舰艇、潜艇甚至航空母舰。从各国研制的情况看，提高鱼雷战斗部爆炸威力的措施一般包括以下几种[4,54]：

（1）增加战斗部的装药量。研究超大型鱼雷，以此增加战斗部的重量。目前，只有俄罗斯的65型鱼雷（鱼雷直径650mm）战斗部的装药量约500kg。据报道，美国也在研制超大型的711mm鱼雷，目的也是想通过增加战斗部装药量来对付航空母舰编队。

（2）装药量受限的情况下增加装药的TNT当量系数。一是采用高性能炸药。目前，各鱼雷生产国都致力于研究常规高效炸药。例如，美国MK50型鱼雷采用PBXN102号塑胶炸药，其爆热为TNT的3倍；美国在研制的PBXN105号塑胶炸药，其爆热为TNT的4倍，爆炸威力是普通装药的1.4~1.6倍[4]。二是在鱼雷常规装药中抽装一小部分核装药[4]。例如,美国在部分 MK48 改进型鱼雷 300kg 常规装药中夹装了约 10kg 的核装药,使该鱼雷爆炸威力增加了 13 倍。但是,核装药鱼雷在研制、生产和储存的技术难度较大,非一般国家所能为。

(3) 改变装药结构,采用定向聚能爆破技术。例如,美国的"MK－50"型、英国的"旗鱼"型、法国的"MU－90"型鱼雷均采用聚能装药结构,能使鱼雷爆炸能量向目标方向集中,能量密度较普通装药提升几十倍。通过改变药型罩锥角,可形成高温、高速的金属射流或爆炸成型弹丸,从而对目标产生显著的破坏效果。

(4) 改变攻击方式,采用垂直接触命中技术。该技术需采用计算机与人工智能等措施来实现。目前,法国的"海鳝"鱼雷在垂直接触命中方面应用得最好。该型鱼雷在左、右、下三个方向均设有基阵用于辅助主基阵,能确保鱼雷在到达预定冲刺点后开始转向 90°,直奔目标中点,以实现垂直接触命中目标要害部位。

(5) 改变爆炸作用过程,采用串联战斗部串联技术,延迟鱼雷装药的爆炸时间。如前面提到的美国"MK－50"型鱼雷战斗部采用串联战斗部,设计有主装药和副装药,通过爆炸延时来提高战斗部对目标的毁伤效果。

鱼雷自身的尺寸有限,增加其装药量的空间不大;高能炸药或者核装药研制需要大量的技术储备和资金,国内在短时期内很难取得突破。国外先进鱼雷尤其是轻型鱼雷,普遍采用聚能战斗部结构。串联战斗部结构也已经在国外某些鱼雷战斗部中开始应用。

综上所述,目前最为可行的方法是改进装药结构与技术。因此,本书重点从药型罩结构设计着手,研究一种组合药型罩聚能鱼雷战斗部,以此提高战斗部的爆炸威力,实现对现代舰艇等目标的有效毁伤。

第二章　聚能战斗部的基本理论

第一节　聚能战斗部的基本类型

聚能战斗部形成的金属流随战斗部结构的不同形态和性质有所变化[55]。通常，按照聚能战斗部形成的金属流特性，可将其分为三大类：①射流和杵体；②爆炸成型弹丸（EFP）；③聚能杆式侵彻体（JPC）。因而，研究人员根据毁伤元素将聚能战斗部对应划分为射流型战斗部、射弹型战斗部和高速杆式弹丸战斗部三大类[24]。鉴于本书所研究的组合药型罩聚能战斗部的不同特性，这里将其划分为第四类聚能战斗部——流弹组合型战斗部（Jetting and Projectile Combined Charge，JPCC）。

一、射流型战斗部

当药型罩半锥角 α 较小时，装药爆炸后，在爆轰波作用下，药型罩将被压合成速度较高的射流和速度较低的杵体，然后两者逐渐分离。随着药型罩半锥角 α 的增大，向内压合的部分显著减少，相应的射流和杵体之间的速度差也减小。Held 研究发现，当药型罩半锥角 α 接近 75°时，射流和杵体接近具有相同的速度（图 2－1），此时将形成爆炸成型弹丸[56]。

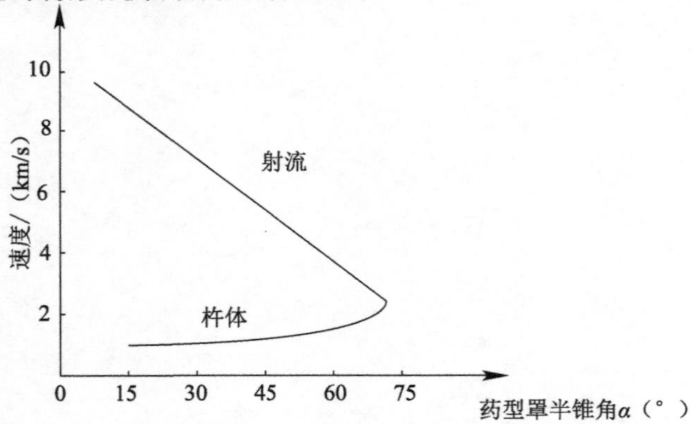

图 2－1　射流和杵体速度与药型罩半锥角之间的关系

典型的射流装药是小锥角罩装药,半锥角一般为15°~35°。在装药爆轰的驱动下,药型罩将形成杵体和射流。杵体速度为500~1000m/s,杵体质量大,速度低于1km/s,侵彻能力可以忽略不计;射流质量小,通常仅占药型罩质量的百分之十几。聚能射流具有头部速度高(一般超过6km/s,最大可达12km/s)、速度梯度大的特点,形成的侵彻体细而长,在与目标作用前急剧延伸,因而对目标的侵彻孔径小、穿深大,常用于毁伤坦克等坚固装甲目标。除小锥角罩装药外,常见的射流装药还可采用双锥罩、郁金香罩、喇叭罩、半球罩等药型罩[24,57]。

二、射弹型战斗部

射弹型战斗部(或称为爆炸成型弹丸战斗部,Explosively Formed Projectile),简称EFP战斗部。EFP可采用半锥角为60°~80°的圆锥罩、球缺罩或者双曲形药型罩。随着药型罩锥角的增大,射流速度将逐渐降低,而杵体的速度将逐步提高。当锥角增大至一定角度时,射流和杵体速度持平,此时两者将合成为速度一致的成型弹丸。EFP的整体性好,形状短而粗,平均速度约为1.5~3km/s,质量可达到原药型罩的80%~90%,侵彻深度一般不超过1倍装药口径。特点是动能大、气动性能好、贯穿能力强、侵彻孔径较大、对炸高无严格要求,是毁伤各种轻装甲车辆和舰船密封隔舱的有力武器,也可用于对岩石、混凝土等目标的侵彻开孔[24,57]。

三、高速杆式弹丸战斗部

聚能杆式侵彻体(或称为高速杆式弹丸,High - Velocity Rod - shaped Projectile)是一种介于射流与EFP之间的聚能侵彻体结构[4,57]。当半锥角介于射流和EFP之间时可形成射流型弹丸战斗部(Jetting Projectile Charge,JPC),性质介于两者之间。该战斗部长径比接近1,产生的毁伤元素是大长径比、有一定速度梯度的弹丸,质量占药型罩质量的50%以上,头部速度为2~5km/s,尾部速度约为2km/s,前面射流短而粗,头尾速度差较小,能在一定炸高条件下稳定飞行;杵体速度约为1.5km/s,对侵彻效果影响较小;既有射流速度高、侵彻能力强的特征,也有爆炸成型弹丸药型罩质量利用率高、直径大、侵彻孔径大、炸高性能好的特征。侵彻深度能达到装药口径的3倍,侵彻孔径可达装药口径的45%。该弹丸主要用于串联战斗部的前级装药,为后级装药开辟侵彻通道,也可用于鱼雷战斗部,攻击水中目标[24,55]。

表2-1列举了单层药型罩形成的不同模态时的性能水平。可见,不同的金属流侵彻体类型具有性能特点差异较大,有的射流速度高,有的侵彻深度大,有的侵彻孔径大,有的药型罩利用率高,对不同目标的毁伤效果各有差异。因此,

在药型罩选择时，应根据目标性质和实际需要确定合适的形式。而组合型药型罩，能兼顾射流与弹丸的性能特点，较单一药型罩具有较大的优势，毁伤效果显著增强，不失为高效聚能战斗部药型罩的一种优良选择。

表 2-1 单层药型罩形成的不同模态时的性能水平[36]

侵彻体类型	v_0/(km/s)	有效作用距离	侵彻深度	侵彻孔径	药型罩利用率/%
金属射流	5.0~8.0	$3\sim8D_0$	$5\sim10D_0$	$0.2\sim0.3D_0$	30
EFP	1.7~2.5	$1000D_0$	$0.7\sim1D_0$	$0.8D_0$	95
JPC	3.0~5.0	$50D_0$	$\geqslant 4D_0$	$0.45D_0$	90

四、流弹组合型战斗部

采用组合药型罩的聚能战斗部(图 2-2)，由前级圆锥形药型罩与后级球缺药型罩或者双球缺药型罩组合而成。该药型罩既能形成聚能射流，又能形成高速 EFP 弹丸，表面上看与 JPC 类似，实际上存在本质上的区别，这里将其划分为聚能战斗部的第四类：流弹组合型战斗部(JPCC)。因为，JPC 是一种性能介于射流与 EFP 之间的聚能侵彻体结构，而 JPCC 是一种既包含射流又包含 EFP 的组合型侵彻体结构，具有比 JPC 更高的射流速度，并且水下作用时可产生空腔随进效应，其对靶板的侵彻作用分为两个阶段，侵彻能力将更强。

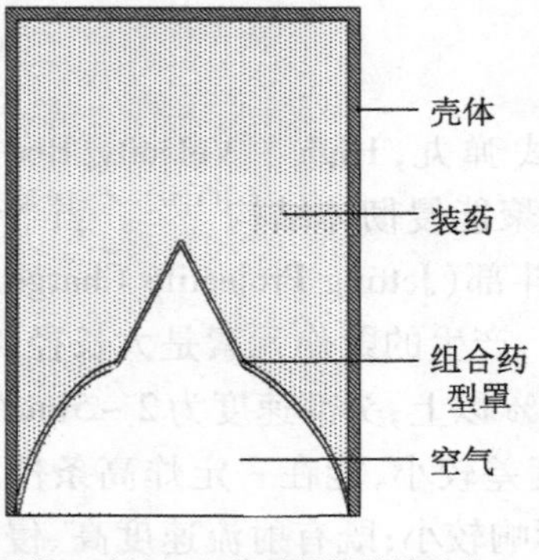

(a) 圆锥—球缺组合药型罩聚能战斗部

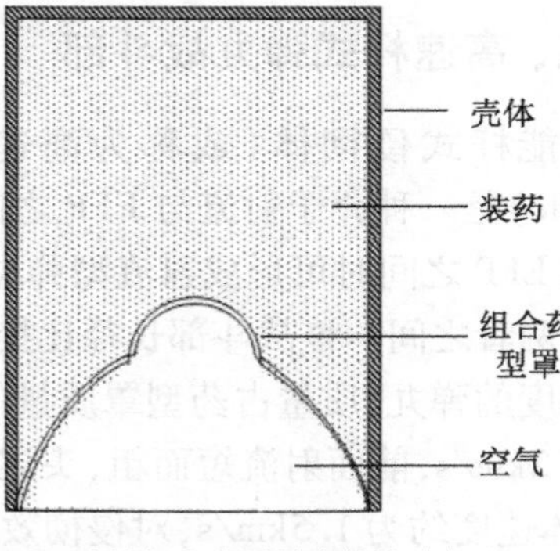

(b) 双球缺组合药型罩聚能战斗部

图 2-2 聚能战斗部结构示意图

第二节 聚能射流基本理论

目前，关于聚能射流(Shaped Charge Jet)的理论很多，这些理论以实验为基础，分别采取了不同的假设条件，有的理论比较成熟，有的还存在一定误差。在射流形成机理方面，对于小锥角药型罩的压垮、射流形成以及侵彻过程的研究已比较成熟，伯克霍夫(Birkhoff)[58]最早提出了经典的流体假设，即定常理想不可压缩流体力学理论。之后，皮尤(Pugh)、埃克尔伯格(Eichelberger)和罗斯(Rosstoker)[59]对Birkhoff等提出的定常理论作出了重要的改进，被称为PER理论，即经典的准定常理想不可压缩流体力学理论，该理论很好地描述了单层小锥角药型罩射流形成过程。此后，众多学者在炸药驱动药型罩的运动方面展开了大量研究，对PER理论进行了修正[60-62]。在聚能装药药型罩压垮和射流形成方面，苏联研究人员建立了相对独立的理论和模型，即黏—塑性射流形成理论。下面，主要介绍定常理想不可压缩流体理学理论和非定常理想不可压缩流体理学理论。

一、定常理想不可压缩流体力学理论

定常理想不可压缩流体力学理论假设爆轰波在压垮过程中产生的压力非常大，因而可以忽略药型罩的材料强度，即将药型罩作为一种非黏性不可压缩的流体来处理，视其为定常压垮模型，药型罩微元被瞬间加速到最终压垮速度。定常模型预测出射流初始长度与锥面母线长度相等，为一恒定值[58]。

图2-3所示为药型罩的压垮过程，α表示半锥角(药型罩顶角的1/2)，β表示压垮角。假设药型罩的压垮速度为v_0，正在压垮的药型罩壁面是两个向内运动的面，这些面的会合点是以速度v_1从A向B运动，在$\triangle APB$中利用正弦定理可得

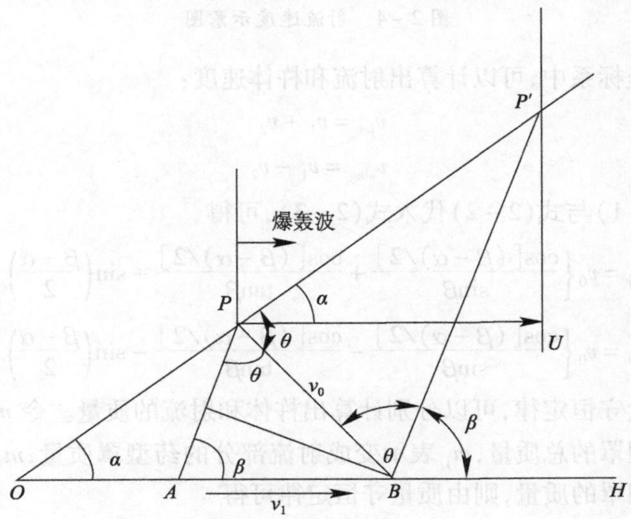

图2-3　药型罩的压垮过程

$$v_1 = \frac{v_0\cos[(\beta-\alpha)/2]}{\sin\beta} \tag{2-1}$$

此时,从 A 点出发与药型罩同步运动,将观察到上壁面任意点 P 均以速度 $v_1\cos\beta + v_0\cos\theta$ 接近,这一速度可由下式给出:

$$v_2 = v_0\left\{\frac{\cos[(\beta-\alpha)/2]}{\tan\beta} + \sin\left(\frac{\beta-\alpha}{2}\right)\right\} \tag{2-2}$$

同时,位于 A 点的观察者还将看到"射流"向其右侧运动,而"杵体"向其左侧运动,如图 2-4 所示。整个过程可视为不随时间变化,即存在一种定常运动过程,利用非黏性不可压缩流动的假设,可以利用伯努利方程将压力和相应的速度联系起来。药型罩中的任何一点的压力决定了该点的速度。假设药型罩以极高的速度离开爆轰产物,以至药型罩表面上的压力迅速下降,且正压垮的药型罩所有表面的压力是恒定的,这就可以有自由流线,即边界流线处于恒定的压力和密度。

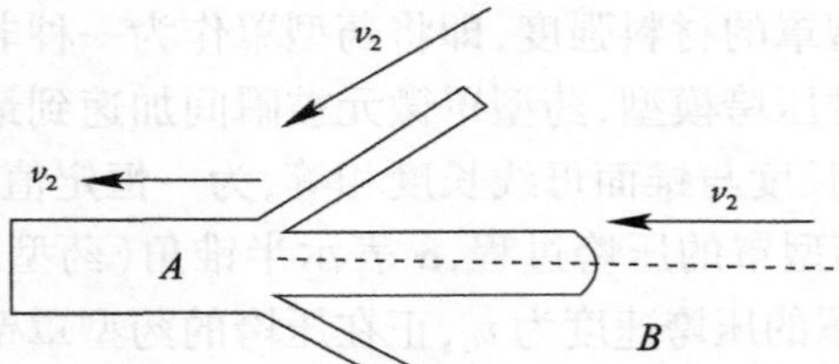

图 2-4　射流速度示意图

在静止坐标系中,可以计算出射流和杵体速度:

$$\begin{aligned} v_{\text{jet}} &= v_1 + v_2 \\ v_{\text{slag}} &= v_1 - v_2 \end{aligned} \tag{2-3}$$

将式(2-1)与式(2-2)代入式(2-3),可得

$$v_j = v_0\left\{\frac{\cos[(\beta-\alpha)/2]}{\sin\beta} + \frac{\cos[(\beta-\alpha)/2]}{\tan\beta} + \sin\left(\frac{\beta-\alpha}{2}\right)\right\} \tag{2-4}$$

$$v_s = v_0\left\{\frac{\cos[(\beta-\alpha)/2]}{\sin\beta} - \frac{\cos[(\beta-\alpha)/2]}{\tan\beta} - \sin\left(\frac{\beta-\alpha}{2}\right)\right\} \tag{2-5}$$

利用动量守恒定律,可以分别计算出杵体和射流的质量。令 m 为接近会合点处被压药型罩的总质量,m_j 表示变成射流部分的药型罩质量,m_s 表示变成杵体部分的药型罩的质量,则由质量守恒定律可得

$$m = m_j + m_s \tag{2-6}$$

再利用运动坐标系中进入和离开汇合点 A 的水平动量分量方程式,即

$$mv_2\cos\beta = m_s v_2 - m_j v_2 \tag{2-7}$$

联立式(2-6)与式(2-7),可得

$$m_j = \frac{1}{2}m(1-\cos\beta) \tag{2-8}$$

$$m_s = \frac{1}{2}m(1+\cos\beta) \tag{2-9}$$

定常模式获得的结果与X射线照相试验在数量上基本一致,但该模型对射流速度的预测过于偏高。实际上,射流头部与尾部存在一定的速度梯度,且在药型罩被压垮之后射流将继续拉长,与预测中恒定为锥罩母线长度不相符。射流形态还与材料类型有关,由韧性材料形成的射流将拉长至相当的长度,而由脆性材料所形成的射流可能将分裂。可见,定常分析无法预测出射流的拉伸长度。

根据该理论可建立连续射流侵彻模型[122],该模型假设每个射流微元的侵彻为定常侵彻,以此分析射流参数对穿深与孔径的影响关系。对射流的描述如下:射流头部速度为 v_j,尾部速度为 v_s,射流密度为 ρ_j;靶板密度 ρ_r。

为便于计算,将射流以速度差 Δv 为分成 N 段,则有

$$\Delta v = \frac{v_j - v_s}{N} \tag{2-10}$$

t 时刻,第 i 段的射流长度为

$$l_i(t) = l_{i0} + \Delta v \cdot t \tag{2-11}$$

式中:l_{i0} 为射流初始长度。

假设射流形状为圆柱体,可得到 t 时刻的射流半径:

$$r_i(t) = r_{i0}\sqrt{\frac{l_{i0}}{l_{i0} + \Delta v \cdot t}} \tag{2-12}$$

式中:r_{i0} 为射流初始半径。

第 i 段射流微元开始侵彻时间:

$$t_i = \frac{S + \sum_{n=1}^{i=1} x_n}{v_m} \tag{2-13}$$

式中:S 为炸高;v_m 为第 i 段射流中心点速度;x_n 第 n 段射流的侵彻深度。

第 i 段射流微元侵彻深度:

$$x_i = l_i(t_i)\sqrt{\frac{\rho_j}{\rho_t}} \tag{2-14}$$

第 i 段射流微元侵彻孔径:

$$r_c = r_i(t_i) \cdot v_m \sqrt{\frac{\rho_j}{2R_t\left[1+\frac{\rho_j}{\rho_t}\right]^2}} \tag{2-15}$$

对于理想射流,每个射流微元初始长度 l_{i0},拉伸到侵彻位置的长度为$l_i(t_i)$,可由式(2-11)、式(2-13)和式(2-14)计算得到。侵彻有效射流长度定义为

$$L = \sum_{i=1}^{n} l_i(t_i) \tag{2-16}$$

总的侵彻深度:

$$x = \sum_{i=1}^{n} x_i = \sum_{i=1}^{n} l_i(t) \sqrt{\frac{\rho_j}{\rho_t}} = L\sqrt{\frac{\rho_j}{\rho_t}} \tag{2-17}$$

该方程表达式十分简单,存在很多局限:不能预测射流消耗后侵彻残余惯性在孔深方向的扩展性;无法精确测量非密度作用时的侵彻深度;不能预测炸高变化对侵彻深度的影响。就表达式而言,表明侵彻深度与射流速度无关,这与实际情况不相符合。因为无论是射流的侵彻,还是射流的拉伸长度变化率都通过式(2-16)与射流速度有关。因此,仍需对该模型进一步改进。

二、准定常理想不可压缩流体力学理论

准定常理想不可压缩流体力学理论与 Brikhoff 的经典理论源于同一概念。但是,Pugh 等认为对于所有药型罩上不同微元的压垮速度是变化的,而不是恒定的,具体取决于药型罩微元的最初位置。因此,从药型罩顶部到底部的压垮速度不断降低,导致产生较大的射流延伸。据此,提出了准定常理想不可压缩流体力学理论,即 PER 理论,该理论极大地改进了定常理论的计算结果[59]。

对 PER 射流形成模型有 3 个假设条件,即:

(1) 假设爆轰波到达罩面后,使该处罩微元立即达到压垮速度,并以不变的大小和方向运动;

(2) 罩内外层速度差可以忽略不计;

(3) 罩金属视为理想不可压缩流体。

如图 2-5 所示,聚能射流形成的准定常过程中,在 $\triangle AEB$ 中,由正弦定理可得

$$v_1 = \frac{v_0\cos(\beta-\alpha-\delta)}{\sin\beta} \tag{2-18}$$

$$v_2 = \frac{v_0\cos(\alpha+\delta)}{\sin\beta} \tag{2-19}$$

在固定坐标系中，射流和杵体的速度分别为

$$
\begin{cases}
v_{\text{jet}} = v_1 + v_2 \\
v_{\text{slag}} = v_1 - v_2
\end{cases} \tag{2-20}
$$

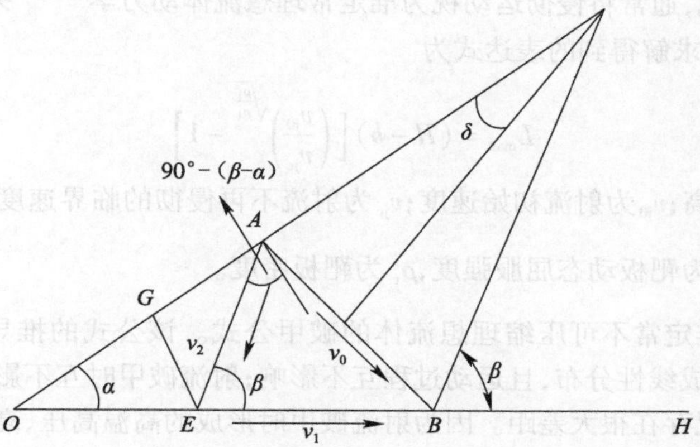

图 2-5　聚能射流形成示意图

利用式(2-19)、式(2-20)可计算出射流和杵体的速度：

$$v_{\mathrm{j}} = v_0 \cos\frac{\beta}{2}\cos\left(\alpha + \delta - \frac{\beta}{2}\right) \tag{2-21}$$

$$v_{\mathrm{s}} = v_0 \sec\frac{\beta}{2}\sin\left(\alpha + \delta - \frac{\beta}{2}\right) \tag{2-22}$$

式中：$\delta = \frac{1}{2}(\beta - \alpha)$。

在 v_{j}、v_{s}、m_{j}、m_{s} 4 个未知数中，m_{j}、m_{s} 需先求得，根据质量守恒和动量守恒原理可得

$$\mathrm{d}m = \mathrm{d}m_{\mathrm{j}} + \mathrm{d}m_{\mathrm{s}} \tag{2-23}$$

$$\frac{\mathrm{d}m_{\mathrm{j}}}{\mathrm{d}m} = \sin^2\frac{\beta}{2} \tag{2-24}$$

$$\frac{\mathrm{d}m_{\mathrm{s}}}{\mathrm{d}m} = \cos^2\frac{\beta}{2} \tag{2-25}$$

PER 理论给出了 v_{j}、v_{s}、m_{j}、m_{s}、δ 和 β 的表达式，而未知数的数量超过了独立方程的个数，为此还需采用炸药—金属相互作用模型，如格尼模型，确定压垮速度，从而使整个过程封闭，便于求解。格尼模型的表达式为

$$\sin\delta = \frac{v_0}{2U} \tag{2-26}$$

式中：U 为爆轰波扫过药型罩的速度。

在上述理论的基础上，发展了准定常理想不可压缩流体力学破甲理论。该理论认为：由于靶板介质最初是静止的，因此射流头部冲击靶板所造成的撞击感应是整个侵彻过程的最大值；当侵彻进行到数倍射流直径后，靶板表面的影响可以忽略。因此，通常将侵彻运动视为准定常理想流体动力学[63-65]来求解。总的侵彻深度 L_{max} 求解得到的表达式为

$$L_{max} = (H-b)\left[\left(\frac{v_{j0}}{v_{jc}}\right)^{\sqrt{\frac{\rho_j}{\rho_t}}} - 1\right] \tag{2-27}$$

式中：H 为炸高；v_{j0} 为射流初始速度；v_{jc} 为射流不再侵彻的临界速度；ρ_j 为射流密度；$b=\dfrac{y_t}{\rho_t}$，y_t 为靶板动态屈服强度，ρ_t 为靶板密度。

这就是准定常不可压缩理想流体的破甲公式。该公式的推导基于两点假设：射流速度成线性分布，且运动过程互不影响；射流破甲时互不影响。但是，假设与实际情况存在很大差距。因为射流破甲时形成的高温高压、高应变率区域，可降低后续射流穿孔的能量消耗。在实际应用中，需对该模型进行必要的修正。

第三节　爆炸成型弹丸基本理论

一、EFP 成型模式

EFP 技术是从成型装药射流技术发展起来的，两者均属于成型装药技术，区别主要表现在，形成射流的成型装药结构采用小锥角药型罩及其变体（双曲罩、喇叭罩），而 EFP 成型装药技术采用大锥角扁平药型罩及其变体（如球缺药型罩或其他小曲率母线回转而成的药型罩）。

EFP 继承了成型装药的特点，但其形成过程又与之完全不同。聚能装药金属射流的形成主要利用药型罩微元在同爆轰产物相互作用过程中获得的速度沿药型罩在径向分布上的差别；EFP 的形成主要利用药型罩微元在同爆轰产物相互作用过程中获得的速度沿药型罩在轴向分布上的差别。

由于着靶的速度高，EFP 在侵彻过程中表现出优于射流的特性。EFP 速度（2000m/s 左右）小于射流速度，其侵彻深度不如射流，但是它具有优于射流的其他特性：如对炸高不敏感、穿甲口径大、后续能力强等特点。

不同结构的药型罩，导致其以不同的模式被锻压成弹丸[66-67]。EFP 以何种模式成型，主要取决于药型罩微元在与爆轰产物相互作用的过程中获得的速度沿药型罩的分布特点。根据药型罩微元获得的速度分布情况，可以将爆炸成型弹丸分为三种成型模式：向后翻转型（Backward Folding）、向前翻转型（或向前压

拢型）（Forward Folding）和介于两者之间的压垮型（或翻转闭合型）（Collapse），具体分别如图 2-6～图 2-8 所示[5]。

如果顶部微元的轴向速度明显大于底部微元的轴向速度，药型罩将以向后翻转的模式锻压成为弹丸；相反，如果顶部微元的轴向速度明显小于底部微元所获得的轴向速度，药型罩将以向前压拢的模式锻压成为弹丸；当介于这两者之间，即药型罩顶部微元和底部微元获得的轴向速度相差不大时，这时药型罩在成型过程中的主要运动形式不是拉伸，而是压垮。药型罩微元的轴向速度的差别是导致药型罩被拉伸的原因，而药型罩微元径向速度的差别是导致药型罩被压垮的原因。

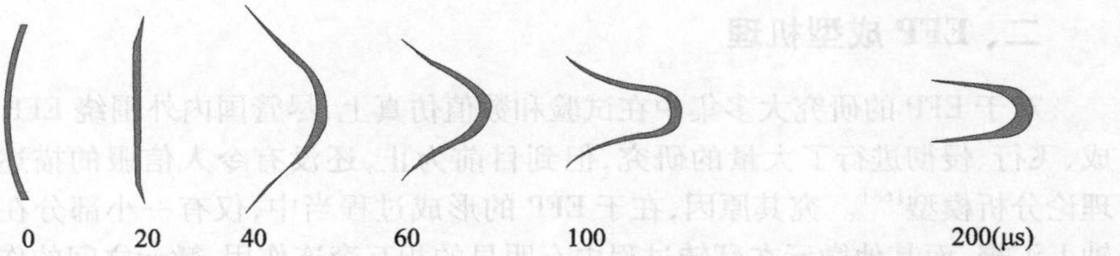

图 2-6　向后翻转型

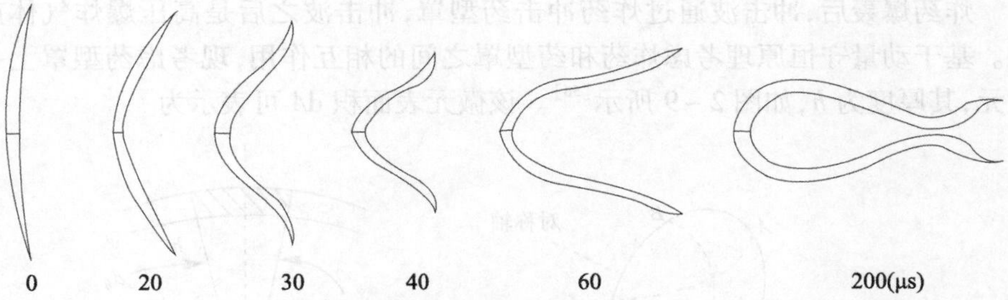

图 2-7　向前翻转型

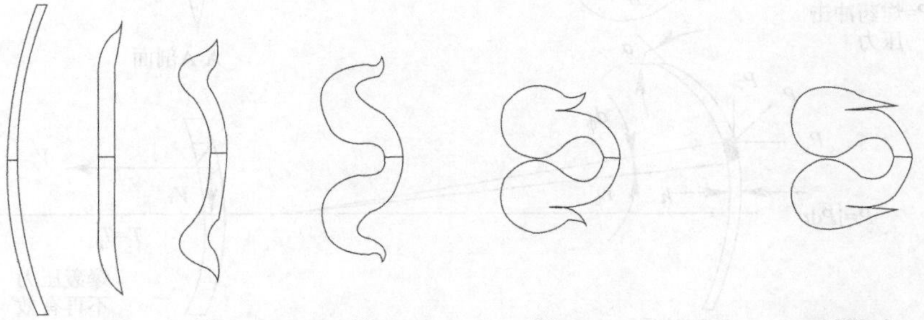

图 2-8　翻转闭合型

由于后两种情况形成的 EFP 形状和气动力参数较差，因此通常重点研究向后翻转型的 EFP。向后翻转型 EFP 的变形过程是:爆轰波首先到达药型罩中心部分，使该部分诸微元获得比边缘部分高的运动速度，形成从中心到边缘的轴向速度梯度。因此，沿母线长度方向整个药型罩翻转过来，形成前缘突出具有集中质量的 EFP。在变形过程中，药型罩顶部的厚度因挤压而逐渐变大，药型罩中部和尾部的厚度则变化不大。造成这种现象的原因是药型罩的顶部被压垮在轴线上，产生了头尾速度差，导致这一部分被拉伸，直至头尾速度差为零。而中部和尾部则因为径向速度太小，不足以克服材料的动态屈服应力，因而没有压垮，所以厚度没有太大的变化。

二、EFP 成型机理

对于 EFP 的研究大多集中在试验和数值仿真上，尽管国内外围绕 EFP 的形成、飞行、侵彻进行了大量的研究，但到目前为止，还没有令人信服的描述 EFP 理论分析模型[68]。究其原因，在于 EFP 的形成过程当中，仅有一小部分在对称轴上汇聚，而其他微元在翻转过程中有明显的相互牵连作用，微元之间的作用力不能忽略。因此，经典的射流形成理论在此并不适用[5]。

炸药爆轰后，冲击波通过炸药冲击药型罩，冲击波之后是高压爆炸气体产物。基于动量守恒原理考虑炸药和药型罩之间的相互作用，现考虑药型罩上一微元，其厚度为 h，如图 2－9 所示[56]。该微元表面积 dA 可表示为

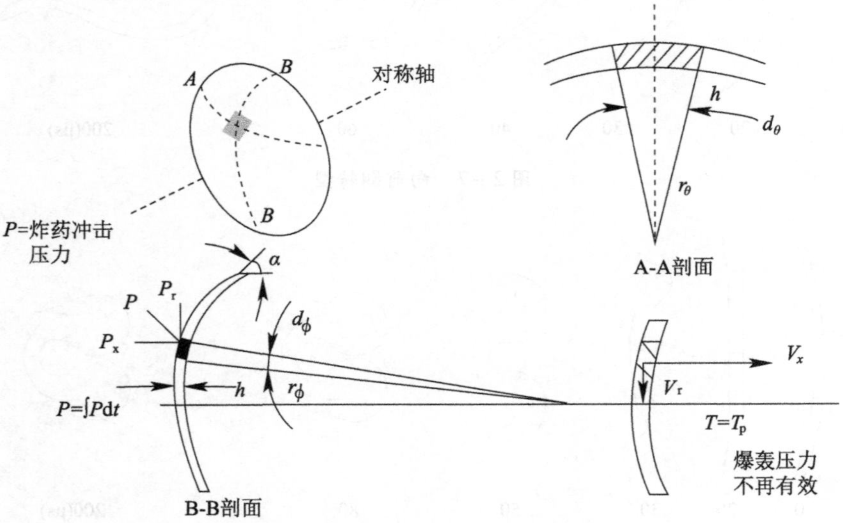

图 2－9　影响爆炸冲击效果的药型罩微元

$$d\bar{A} = r_\theta r_\phi \bar{\boldsymbol{n}}\, d\theta d\phi \tag{2-28}$$

式中：r_θ、r_ϕ 分别为微元的曲率半径；$\bar{\boldsymbol{n}}$ 为微元的单位法向矢量。

当冲击波在该微元上经过时，作用在微元上的气体产物压力 $P = P(t)$ 将使之加速。由于气体产物内的压力衰减非常迅速，因此炸药和药型罩相互作用的有效时间很短。这种相互作用将向药型罩微元传递一个冲击压力 $\bar{P}$，并使药型罩微元获得最终速度 $\bar{v}$，即

$$P = \int P d\bar{A} dt = \bar{v} dm \tag{2-29}$$

式中：dm 为微元的质量，$dm = \rho h d\bar{A} \cdot \bar{\boldsymbol{n}}$。

为简化问题，现考虑轴对称或二维药型罩表面的情况，其基本矢量可写成分量的形式：

$$\bar{P} = P_x \boldsymbol{i} + P_r \boldsymbol{j} \tag{2-30}$$

$$\bar{v} = v_x \boldsymbol{i} + v_r \boldsymbol{j} \tag{2-31}$$

$$\bar{\boldsymbol{n}} = \boldsymbol{i}\sin\alpha + \boldsymbol{j}\cos\alpha \tag{2-32}$$

式中：x、r 分别为轴向和径向分量；$\boldsymbol{i}$、$\boldsymbol{j}$ 分别为 x、r 方向上的单位矢量。

所以，各自的速度分量为

$$v_x = P\sin\alpha / \rho h dA \tag{2-33}$$

$$v_x = P\cos\alpha / \rho h dA \tag{2-34}$$

由此可见，轴向速度分量 v_x 由轴向厚度控制，径向速度分量 v_r 由药型罩角度控制，整个药型罩将沿其速度分量变形最后形成 EFP。

第四节　聚能杆式侵彻体基本理论

如图 2-10 所示，图中 O 为坐标原点，A 点为起爆点，PQ 为药型罩外表面曲线[5,57]。若爆轰波传到 P 点，并对该点处的罩微元进行压垮，设爆轰波速度为 U_D，则爆轰波扫过 P 点沿罩表面的速度可表示为

$$U = \frac{U_D}{\cos i} \tag{2-35}$$

式中：i 为爆轰波波阵面与罩表面相交处，波阵面的法线与该点罩表面的切线之间的夹角。

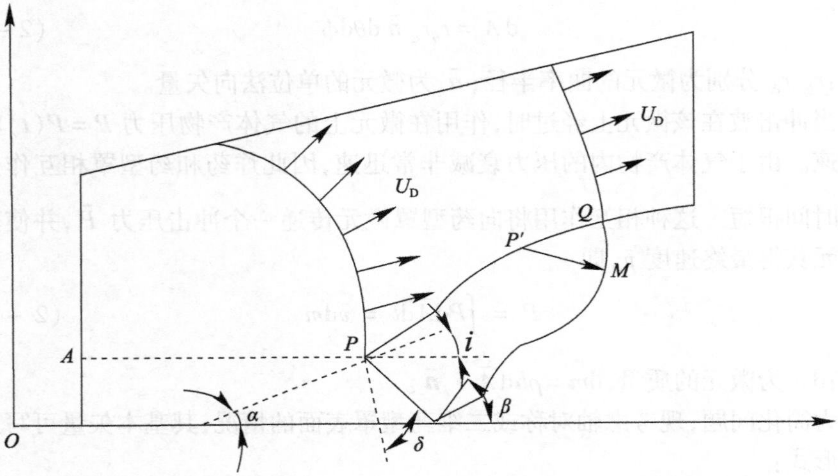

图 2-10　聚能杆式侵彻体药型罩压垮示意图

假设罩微元在爆轰波作用下在有限的时间内从零加速到压跨速度 v_0，并且在这有限的时间内药型罩的加速度为常数。所以药型罩在任意时间内的绝对压垮速度为

$$\begin{cases} v_c(x,t) = \alpha(t-T) & t \leqslant t_m \\ v_c(x,t) = v_0 & t > t_m \end{cases} \tag{2-36}$$

式中：α 为加速度；T 为爆轰波波阵面到达 P 点处药型罩罩面的时间；t_m 为药型罩停止加速时间。若 P 点的坐标为 (x,R)，起爆点的坐标为 (d,q)，则

$$T = \frac{[(x-d)^2 - (R-q)^2]^{\frac{1}{2}}}{U_D} \tag{2-37}$$

根据泰勒关系式，抛射角为

$$\sin\delta = \frac{v_0 \cos i}{2U_D} \tag{2-38}$$

则

$$t_m = \frac{2U\sin\delta}{a} + T \tag{2-39}$$

为求取压垮角 β，取药型罩表面任一点 P'，在时间 t 内，罩微元从 P' 点压垮到 M 点，设 M 点的坐标为 (z,r)，则

$$\begin{cases} z = x + l(x,t)\sin(\alpha+\delta) \\ r = R - l(x,t)\cos(\alpha+\delta) \end{cases} \tag{2-40}$$

式中：α 为 P' 点罩表面切线与 z 坐标轴的夹角；$l(x,t)$ 为罩微元从 P' 点到 M 点之

间的距离。

$$l(x,t)=v_0(t-T) \tag{2-41}$$

根据药型罩的外形，下面计算压垮角，一般来说，有意义的压垮角是指罩微元到达轴线上的压垮角。所以，根据式(2-40)及式(2-41)可知，在 $r=0$ 时罩微元运行的时间为

$$t-T=\frac{R}{v_0\cos(\alpha+\delta)} \tag{2-42}$$

由 $\tan\beta=\frac{\partial r}{\partial z}$，可得

$$\tan\beta=\frac{\tan\beta+R[(\alpha'+\delta')\tan(\alpha+\delta)-v_0'/v_0]+v_0T'\cos(\alpha+\delta)}{1+R[(\alpha'+\delta')+(v_0'/v_0)\tan(\alpha+\delta)]-v_0T'\sin(\alpha+\delta)} \tag{2-43}$$

其中

$$\delta'=\tan\delta\left(\frac{v_0'}{v_0}-i'\tan i\right)$$

$$T'=\frac{x-d}{U_{\mathrm{D}}^2T}[1+\tan(\alpha-i)-\tan\alpha] \tag{2-44}$$

根据图中几何关系知：

$$\tan(\alpha-i)=\frac{R-q}{x-d} \tag{2-45}$$

则

$$i'=\alpha'+\frac{\cos^2(\alpha-i)}{x-d}[\tan(\alpha-i)-\tan\alpha] \tag{2-46}$$

根据定常不可压缩流体力学理论，可以得到射流流动的速度方程：

$$v_{\mathrm{j}}=v_0\csc\frac{\beta}{2}\cos\left[\alpha+\delta-\frac{\beta}{2}\right] \tag{2-47}$$

$$v_{\mathrm{s}}=v_0\sec\frac{\beta}{2}\sin\left[\alpha+\delta-\frac{\beta}{2}\right] \tag{2-48}$$

再根据碰撞点处质量守恒和动量守恒关系得

$$\frac{\mathrm{d}m_{\mathrm{j}}}{\mathrm{d}m}=\sin^2\frac{\beta}{2} \tag{2-49}$$

$$\frac{\mathrm{d}m_{\mathrm{s}}}{\mathrm{d}m}=\cos^2\frac{\beta}{2} \tag{2-50}$$

式中：$\mathrm{d}m$ 为罩微元质量；$\mathrm{d}m_{\mathrm{j}}$ 为碰撞后形成射流的质量；$\mathrm{d}m_{\mathrm{s}}$ 为碰撞后形成杵体的质量。式(2-38)、式(2-43)、式(2-47)及式(2-49)为计算射流参数的基本方程，再加上炸药与金属相互作用的 Gurney 模型和其他经验公式，就可以求解射流参数 $\mathrm{d}m_{\mathrm{j}}/\mathrm{d}m$、$\beta$、$v_{\mathrm{j}}$、$v_0$ 和 δ。

第三章 高效聚能战斗部侵彻机理

本书所研究的高效聚能战斗部相对于普通聚能战斗部而言，主要体现在药型罩结构存在区别。其药型罩由圆锥罩和球缺罩或者双球缺罩两部分组合而成。该战斗部通过聚能射流和EFP两种方式对目标实施侵彻破坏，其对靶板的作用机理相对于单一药型罩更为复杂。为便于分析，下面将药型罩分成前后两级，分别展开理论研究。

第一节 前级射流理论分析

一、聚能射流主要参数计算

聚能射流对靶板的侵彻能力主要包括侵彻深度和破孔尺寸。射流的侵彻深度取决于以下因素：射流密度和速度、射流长度、靶板材质的密度和硬度、射流的精准度。射流的密度和速度越大，施加在靶板上的压力相应越大，靶板更容易变形熔化，更容易被侵彻。侵彻是金属射流对靶板的持续冲击过程，在前面的射流挤开靶板外层后，后续射流持续对内层进行侵彻，因此射流越长，侵彻深度越大。靶板材料密度和硬度对侵彻深度的影响是显而易见的，密度和硬度较大的靶板不易被侵彻。射流的精准度涉及射流的直线度，如果射流存在振动或波动，侵彻深度会减小，这取决于药型罩的质量和起爆点的位置精度[69]。为计算聚能射流的相关参数，下面采用垂直分割的方法对装药微元进行划分，从而得到了聚能罩的压垮速度、有效药量、射流和杵体的速度以及压垮角等参数的计算公式。

（一）装药微元的划分

在分析聚能装药的射流参数时，合理地划分装药微元、准确地建立数学模型十分关键，否则不能正确地反映出聚能装药爆轰和射流形成的物理过程，从而计算出的射流参数可能会误差很大甚至出现错误[70]。

在有的算例中，采用平面分割的方法来划分微元，即用许多个垂直于装药轴线的平面将包含药型罩部分的装药分割成 n 个等份，也就是 n 个微元（图 3－1(a)）。当 n 的取值趋向于无穷大时，则可取其中任意一个微元来研究，每个微元都可以作为一个既有外壳又有内壳的圆环形装药来看待（图 3－1(b)）。根据这样的微元划分方法，可以对每个微元的壳体运动速度和聚能罩的压跨速度进行计算，从而可以计算出各微元的射流参数。

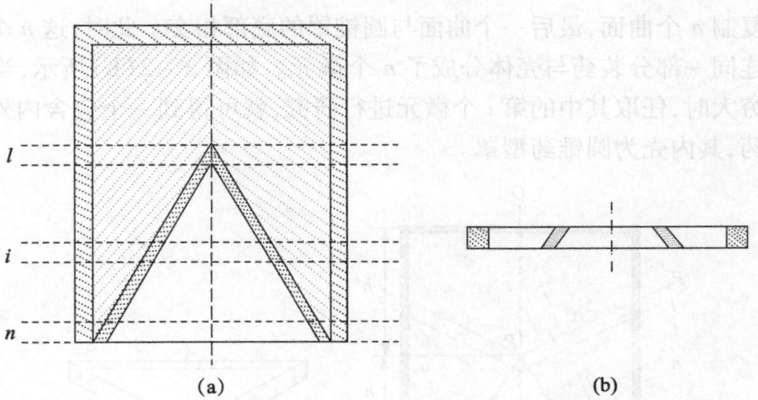

图 3-1　聚能装药微元划分示意图

相对于经典的射流形成理论求解射流参数的方法，该方法只需利用聚能装药的初始参数就可以求出各射流参数，使得求解过程大为简化。然而，平面分割划分微元的方法存在着很大的局限性。因为，分析可知上述微元划分方法仅适用于面起爆或无穷远点起爆的情况，而不适用于近点起爆的情况，即仅适用于平面爆轰波，不适用于球面波。由于起爆点位置或起爆方式将决定爆轰波的波形，故该微元划分方法有其局限性，不适合于本书研究的近点起爆情形。所以，必须改进微元的划分方法，使其与装药的实际爆轰情形更为接近。

本书采用垂直分割的方法来划分微元，即用许多个垂直于药型罩母线的平面将包含药型罩部分的装药分割成 n 个等份，也就是 n 个微元。垂直分割的微元划分方法与爆轰波对药型罩的作用过程非常相似，改进后的划分方法如图 3-2所示。图中，虚线 DD_1 以上为圆锥药型罩部分，装药爆炸后将产生前级聚能射流。该部分同普通全口径及次口径聚能装药稍有区别，其聚能罩口径仅相当于装药口径的 15% ~60%。

图 3-2(a)表示聚能装药前级圆锥药型罩的微元划分示意图。OO' 为装药轴线，O 点为起爆点。假设圆锥罩罩高为 h，起爆点到圆锥罩顶点的距离为 h'，圆锥罩锥角为 2α。装药起爆后，将产生球面爆轰波。爆轰波波阵面从起爆点开始沿径向传播到达圆锥罩顶端（如图 3-2 中虚线所示），所需时间为 h'/D（D 为装药爆速）。之后，波阵面将继续向前运动，并垂直作用于药型罩母线，从而使圆锥罩产生压跨运动。如果不考虑装药壳体与圆锥罩的反射，则装药内部传播

的始终是规则球面波，其波阵面垂直于通过起爆点的直线 AO。在图中，以圆锥罩顶点 P 为起点，作一条射线 PP_1 与 AO 垂直，然后将此射线绕装药轴线 OO' 旋转 360°，可得到一个以装药轴线 OO' 为对称轴的锥形曲面。以此为样本，沿 OO' 轴等距复制 n 个曲面，最后一个曲面与圆锥罩的底部相交。此时，这 n 个曲面将圆锥罩连同一部分装药与壳体分成了 n 个微元。如图 3-2(b) 所示，当 n 取值趋向无穷大时，任取其中的第 i 个微元进行研究，就可得到一个包含内外壳的轴对称装药，其内壳为圆锥药型罩。

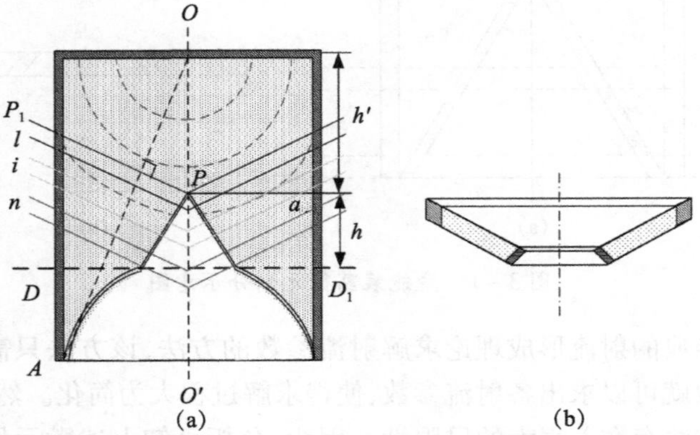

图 3-2 聚能战斗部前级圆锥罩微元划分示意图

（二）圆锥罩的压垮速度

如图 3-2(b) 所示，对圆锥罩微元压跨速度的计算，实际上就是求解装药爆轰时内层壳体的抛掷速度的问题，需引入爆炸产物对物体的一维抛射理论予以解决。这里需要做如下假设：

(1) 装药爆轰的高温、高压条件下，圆锥罩可视为理想流体；

(2) 任意微元内装药均为瞬时爆轰。

瞬时爆轰时，爆炸产物在完全膨胀的情况下，对质量为 M 的物体产生抛射作用如图 3-3 所示。根据爆炸产物单向一维飞散能量守恒方程，可得

$$\frac{Mu_{\mathrm{m}}^2}{2} + \frac{s}{2}\int_0^{u_{\mathrm{m}}} \rho u^2 \mathrm{d}x = mQ_{\mathrm{v}} \tag{3-1}$$

式中：u_{m} 为被抛射物体的极限速度(m/s)；s 为物体的横截面面积(m^2)；m 为爆炸产物的质量(kg)；ρ 为爆炸产物的密度($\mathrm{kg/m^3}$)；Q_{v} 为炸药的能量密度(J/kg)。

爆炸产物中的剩余能量为

$$\frac{1}{2}\int_0^{u_{\mathrm{m}}} u^2 \mathrm{d}m$$

式中：$\mathrm{d}m = s\rho \mathrm{d}x$。

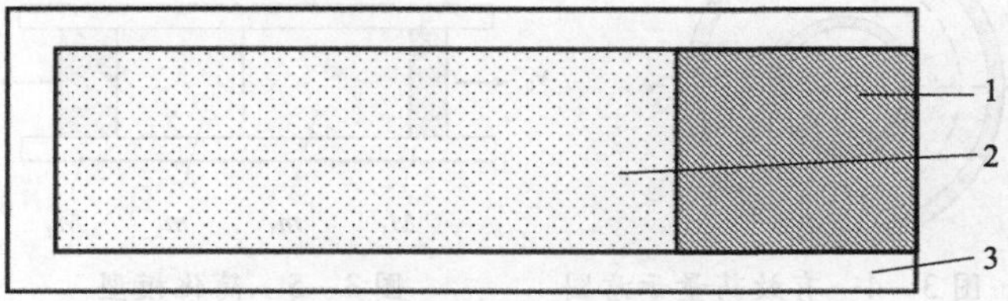

图 3－3　一维抛射示意图
1—被抛掷物体；2—炸药；3—刚壁。

根据爆炸产物一维飞散理论，爆炸产物在完全膨胀时，即当 $p = p_0$（其中 p_0 为大气压）时，有

$$u = \frac{x}{t}, \rho = \frac{m}{s u_{\mathrm{m}} t} \tag{3-2}$$

因此

$$\frac{1}{2}\int_0^{u_{\mathrm{m}}} u^2 \mathrm{d}m = \frac{m}{2}\int_0^{u_{\mathrm{m}}} \frac{x^2 \mathrm{d}x}{u_{\mathrm{m}} t^3} = \frac{m u_{\mathrm{m}}^2}{6} \tag{3-3}$$

当等熵指数 $\gamma = 3$ 时，有 $D^2 \approx 16Q_{\mathrm{v}}$，把式（3－3）代入式（3－1）中，即得

$$u_{\mathrm{m}} = \frac{D}{2\sqrt{2\left(\dfrac{M}{m} + \dfrac{1}{3}\right)}} \tag{3-4}$$

式中：D 为爆速；m 为对圆锥罩微元抛掷的有效药量；M 为圆锥罩微元的质量；u_{m} 为圆锥罩的压垮速度，即被抛射物体的极限速度。

（三）有效药量计算

当存在壳体时，炸药的有效质量 m 就是需聚能装药的外壳和圆锥罩对有效部分大小的影响。

如图 3－4 所示，假设存在一个平面垂直分割聚能战斗部，取其药型罩部位进行研究，可以得到两个圆环，外圆环为壳体单元，内圆环为圆锥罩单元，在两个圆环之间再取一个圆，用虚线来表示，据此可求得装药的有效药量。虚线以外部分所包含的装药质量即为作用在壳体微元上的有效药量；虚线以内部分包含的装药质量即为作用在圆锥罩微元上有效药量。

将内外圆环分成 n 个微元，取任意第 i 个微元进行研究，可得如图 3－5 所示的简化模型。模型中，假设左侧为被抛掷的圆锥罩微元，质量为 M_1，向左运动速度为 v_0；右侧为被抛掷的壳体微元，质量为 M_2，向右运动速度 v_{k}；中间为爆轰产物，相对应的爆轰产物的质量分别为 m_1 和 m_2。

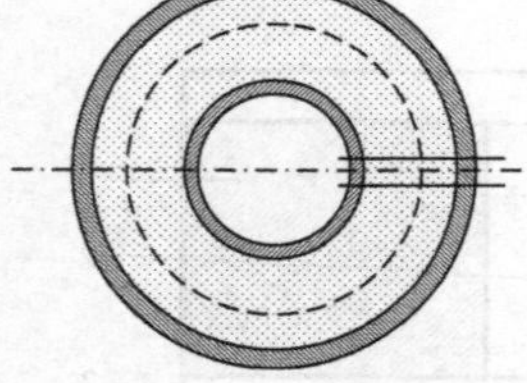

图 3-4　有效药量示意图

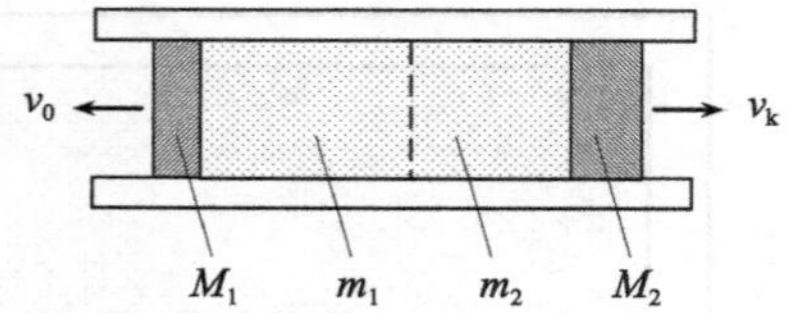

图 3-5　简化模型

在爆轰产物的作用下，在不变形的长管中圆锥罩微元和壳体微元以相反的方向向外飞散。于是可得到下列方程：

$$v = x/t,\ \rho = \frac{m_1 + m_2}{st(v_0 + v_k)} \tag{3-5}$$

$$m = m_1 + m_2 \tag{3-6}$$

$$\frac{v_0}{m_1} = \frac{v_k}{m_2} \tag{3-7}$$

假设爆轰产物速度的分布对质量 m_1 和 m_2 呈线性分布，根据动量守恒定律，可得

$$\frac{m_1 v_0}{2} - \frac{m_2 v_k}{2} + M_1 v_0 - M_2 v_k = 0 \tag{3-8}$$

根据能量守恒定律，可得

$$\frac{m_1 v_0^2}{6} + \frac{M_1 v_0^2}{2} + \frac{m_2 v_k^2}{6} + \frac{M_2 v_k^2}{2} = mQ_v \tag{3-9}$$

联立式(3-6)~式(3-9)，解方程可得

$$m_1 = \frac{m}{2}\left(1 + \frac{M_2 - M_1}{M_1 + M_2 + m}\right) \tag{3-10}$$

$$m_2 = \frac{m}{2}\left(1 + \frac{M_1 - M_2}{M_1 + M_2 + m}\right) \tag{3-11}$$

式(3-10)为对圆锥罩微元作用的有效药量；式(3-11)为对壳体微元作用的有效药量。当装药没有壳体，即 $M_2 = 0$ 时，则作用在圆锥罩上的有效药量为

$$m_1 = \frac{m^2}{2(M_1 + m)} \tag{3-12}$$

分析可知，若要计算对圆锥罩微元与壳体微元作用的有效药量 m_1 和 m_2，必须首先计算出每个微元的初始参数，即微元总药量 m、圆锥罩微元质量 M_1 和壳体微元质量 M_2。

如图 3-6 所示，可以求得微元的初始参数。假设圆锥罩高度为 h，装药半径为 R，圆锥罩外径为 r，装药高度为 L，半锥角为 α，起爆点距圆锥罩顶端距离为

h'，壳体厚度为 K_{th}，圆锥罩厚度为 Z_{th}。

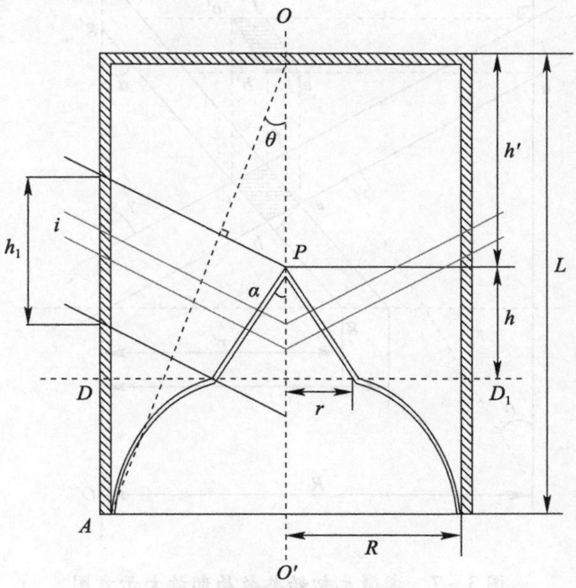

图 3-6　求微元初始参数示意图

根据图示，可以求出与圆锥罩相互作用的壳体总高度为

$$h_1 = h + r \cdot \tan\theta = h + \frac{R}{L}r \tag{3-13}$$

式中：r 为圆锥罩外径，$r = h\tan\alpha$。

因为壳体为圆环形，被分成 n 等份，每个微元的质量都相等，故第 i 个壳体微元的质量为

$$M_{2i} = \rho_2 v_{2i} = \rho_2 \cdot \frac{h_1}{n} \cdot \pi \cdot [(r + K_{th})^2 - r^2] \tag{3-14}$$

式中：ρ_2 为壳体的密度。

为简化计算，忽略壳体的影响，将图 3-6 的左下部放大，可以求得微元药量和圆锥罩质量，如图 3-7 所示。

图 3-7 中，根据三角函数关系可得

$$\theta = \text{arc tan}\left(\frac{R}{L}\right), \gamma = \pi/2 - \theta \tag{3-15}$$

其中，四边形 $aefd$ 为第 i 个装药微元的一个截面；四边形 $ebcf$ 代表第 i 个圆锥罩微元的一个截面。所以，四边形 $aefd$ 和四边形 $ebcf$ 绕装药轴线 OO' 旋转一周，就分别是第 i 个装药微元和圆锥罩微元的体积。

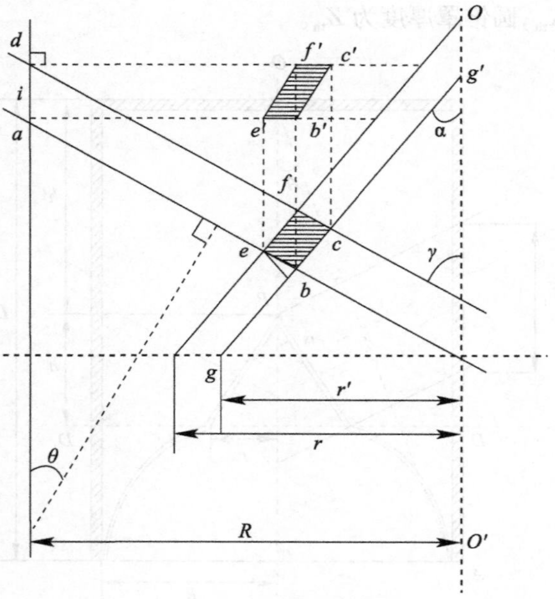

图 3-7　求微元初始参数局部放大示意图

可以证明四边形 $aefd$ 绕 OO'旋转一周后形成的回转体的体积 V_{ei} 等于四边形 $ae'f'd$ 绕 OO'旋转一周形成的回转体的体积。同理，绕 OO'轴旋转一周后，四边形 $ebcf$ 形成的回转体的体积 V_{si} 等于四边形 $e'b'c'f'$形成的回转体的体积。

第 i 个圆锥罩微元的长度为

$$|eb| = \frac{Z_{\text{th}}}{\sin(\pi - \alpha - \gamma)} = \frac{Z_{\text{th}}}{\cos(\alpha - \theta)}$$

eb 在 r 上的投影长度为 $|eb|\cos\theta$。

圆锥罩母线 gg'在 r 上的投影为

$$r' = r - |eb|\cos\theta = r - \frac{Z_{\text{th}}\cos\theta}{\cos(\alpha - \theta)}$$

所以，第 i 个微元中圆锥罩和装药的总体积为

$$V_{zi} = \left\{R^2 - \left[\frac{1}{2}\left[\frac{r'}{n}(i-1) + \frac{r'}{n}i\right]\right]^2\right\} \cdot \pi \cdot \frac{h_1}{n}$$

其中，装药微元的体积为

$$V_{ei} = \left\{R^2 - \left[\frac{1}{2}\left[\frac{r'}{n}(i-1) + \frac{r'}{n}i\right] + \frac{Z_{\text{th}}\cos\theta}{\cos(\alpha - \theta)}\right]^2\right\} \cdot \pi \cdot \frac{h_1}{n}$$

由以上两式可以求出第 i 个圆锥罩微元的体积为

$$V_{si}=V_{zi}-V_{ei}=\left\{\left[\frac{r'}{n}(i-1)+\frac{r'}{n}i\right]\cdot\frac{Z_{\mathrm{th}}\cos\theta}{\cos(\alpha-\theta)}+\frac{{Z_{\mathrm{th}}}^{2}\cos^{2}\theta}{\cos^{2}(\alpha-\theta)}\right\}\cdot\pi\cdot\frac{h_1}{n}$$

因此，第 i 个微元中的装药质量为

$$m_i=\rho_0 V_{ei}=\left\{R^2-\left[\frac{1}{2}\left[\frac{r'}{n}(i-1)+\frac{r'}{n}i\right]+\frac{Z_{\mathrm{th}}\cos\theta}{\cos(\alpha-\theta)}\right]^2\right\}\cdot\pi\cdot\frac{h_1}{n}\cdot\rho_0 \quad (3-16)$$

第 i 个微元中圆锥罩的质量为

$$M_{1i}=\rho_1 V_{si}=\left\{\left[\frac{r'}{n}(i-1)+\frac{r'}{n}i\right]\cdot\frac{Z_{\mathrm{th}}\cos\theta}{\cos(\alpha-\theta)}+\frac{Z_{\mathrm{th}}^{2}\cos^{2}\theta}{\cos^{2}(\alpha-\theta)}\right\}\cdot\pi\cdot\frac{h_1}{n}\cdot\rho_1$$

(3 – 17)

至此，装药任意微元的三个参数：药量 m_i，圆锥罩微元的质量 M_{1i}，壳体微元的质量 M_{2i} 都已经求出。把式(3 – 14)、式(3 – 16)和式(3 – 17)代入有效药量计算式(3 – 10)和式(3 – 11)中，就可以计算出对壳体或圆锥罩作用的有效药量。再把结果代入式(3 – 4)中，第 i 个微元的圆锥罩压跨速度也可以求出。

(四) 射流和杵体的速度计算

图 3 – 8 所示为射流和杵体的形成示意图。图中，u_0 表示来流速度，w 表示碰撞点的移动速度，u_2 表示来流经过碰撞点形成杵体向左流动的速度，u_1 表示来流经过碰撞点形成射流向右流动的速度。

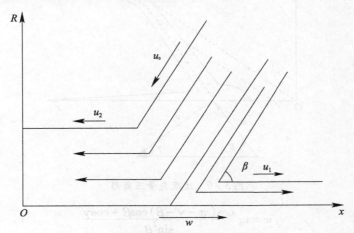

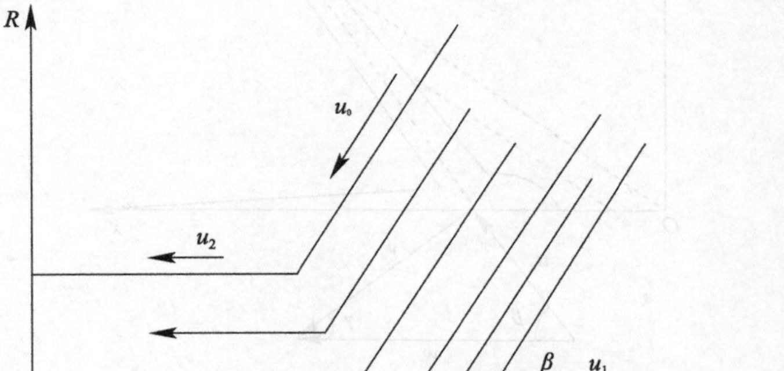

图 3 – 8　射流和杵体的形成示意图

因此，可通过式(3 – 18)、式(3 – 19)分别计算射流和杵体的速度：

$$v_{\mathrm{j}}=u_1+w \quad (3-18)$$

$$v_{\mathrm{s}}=u_2+w \quad (3-19)$$

分别用 m_0 表示来流质量，m_{j} 表示射流质量，m_{s} 表示杵体质量，则根据质量

守恒、动量守恒和能量守恒定律可得

$$m_j + m_s = m_0 \tag{3-20}$$

$$m_j u_1 - m_s u_2 = m_0 u_0 \tag{3-21}$$

$$m_j u_1 + m_s u_2 = -m_0 u_0 \cos\beta \tag{3-22}$$

$$\frac{m_j u_1^2}{2} + \frac{m_s u_2^2}{2} = \frac{m_0 u_0^2}{2} \tag{3-23}$$

式中:β 角为 u_0 和 u_1 之间的夹角,即压垮角。

联立式(3-20)~式(3-23),解方程得

$$-u_2 = u_1 = u_0 \tag{3-24}$$

$$m_j = m_0 \sin^2\left(\frac{\beta}{2}\right) \tag{3-25}$$

$$m_s = m_0 \cos^2\left(\frac{\beta}{2}\right) \tag{3-26}$$

由图 3-9 的速度矢量三角形,可以求得 v_0、u_0 和 w 三者之间得关系。

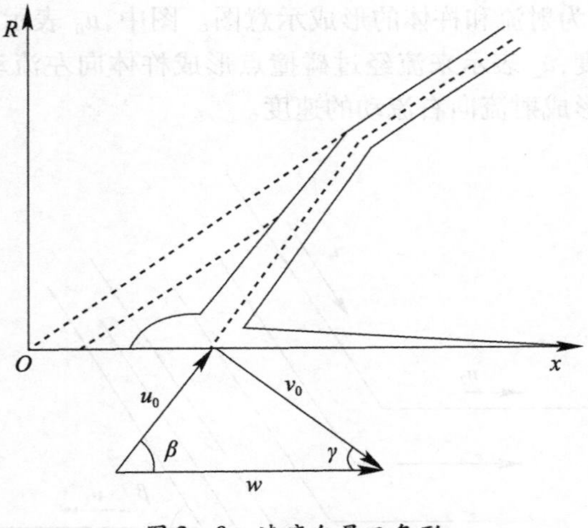

图 3-9 速度矢量三角形

$$w = v_0 \frac{\cos(\pi - \gamma - \beta)\cos\beta + \cos\gamma}{\sin^2\beta} \tag{3-27}$$

$$u_0 = v_0 \frac{\sin^2\gamma}{\cos\gamma\ \cos\beta + \cos(\pi - \beta - \gamma)} \tag{3-28}$$

把式(3-27)、式(3-28)代入式(3-18)、式(3-19),可得到射流和杵体的速度公式:

$$v_j = v_0\left(\frac{\cos(\pi - \gamma - \beta)\cos\beta + \cos\gamma}{\sin^2\beta} + \frac{\sin^2\gamma}{\cos\gamma\ \cos\beta + \cos(\pi - \beta - \gamma)}\right) \tag{3-29}$$

$$v_s = v_0\left(\frac{\cos(\pi-\gamma-\beta)\cos\beta+\cos\gamma}{\sin^2\beta} - \frac{\sin^2\gamma}{\cos\gamma\ \cos\beta+\cos(\pi-\beta-\gamma)}\right)\tag{3-30}$$

（五）压跨角的计算

如图 3－10 所示，任意取两个相邻微元 i、$i+1$ 进行研究，可以计算得到压垮角 β_i 的大小。假设爆轰波到达第 i 个圆锥罩微元时，此微元以速度 v_{0i} 由 a 点向 a' 点运动。同时，爆轰波继续传播，经过时间 Δt_i，爆轰波扫过 h_1/n 的高度并到达第 $i+1$ 个罩微元，使该圆锥罩微元也开始了压跨运动。当第 i 个罩微元从 a 点运动到轴线上的 a' 点时，第 $i+1$ 个罩微元从 b 运动到了 b' 点。连接 a'、b'，$\angle b'a'c$ 即 β_i 就是第 i 个罩微元的压跨角。

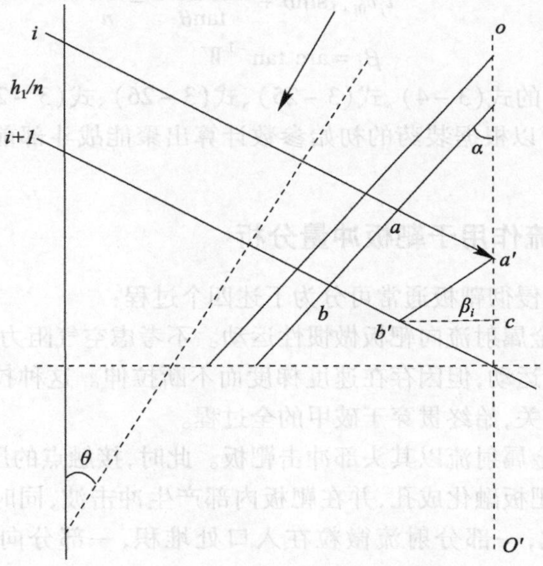

图 3－10　求压跨角示意图

第 i 个罩微元从 a 点运动到 a' 点所用的时间为

$$t_i = aa'/v_{0i} = \frac{i\cdot r'}{n\cdot v_{0i}\cdot\cos\theta}$$

爆轰波从 i 截面传播到 $i+1$ 截面所用的时间为

$$\Delta t_i = \frac{h_1\cos\theta}{nD}$$

所以，第 $i+1$ 个罩微元从 b 运动到了 b' 点所用的时间为

$$t_i' = t_i - \Delta t_i = aa'/v_{0i} - \frac{h_1\cos\theta}{nD} = \frac{i\cdot r'}{n\cdot v_{0i}\cdot\cos\theta} - \frac{h_1\cos\theta}{nD}$$

这样 $a'c$ 可表示为

$$a'c = t'_i v_{0i+1}\sin\theta + \frac{r'(i+1)}{\tan\theta} - \frac{ih_1}{n}$$

$b'c$ 可表示为

$$b'c = \frac{(i+1)r'}{n} - t'_i v_{0i+1}\cos\theta$$

所以，有

$$\tan\beta_i = \frac{b'c}{a'c} = \frac{\frac{(i+1)r'}{n} - t'_i v_{0i+1}\cos\theta}{t'_i v_{0i+1}\sin\theta + \frac{r'(i+1)}{\tan\theta} - \frac{ih_1}{n}} = W \tag{3-31}$$

$$\beta_i = \text{arc}\ \tan^{-1} W \tag{3-32}$$

利用上述推导的式(3－4)、式(3－25)、式(3－26)、式(3－29)、式(3－30)和式(3－32)，就可以根据装药的初始参数计算出聚能战斗部前级圆锥罩的各射流参数。

二、聚能射流作用于靶板冲量分析

聚能金属射流侵彻靶板通常可分为下述四个过程：

第一个过程，金属射流向靶板做惯性运动。不考虑空气阻力的作用，射流将以初始速度向靶板运动，但因存在速度梯度而不断拉伸。这种拉伸的连续性与炸高和靶板厚度有关，始终贯穿于破甲的全过程。

第二个过程，金属射流以其头部冲击靶板。此时，接触点的压力与温度突然增大到极大值，使靶板融化成孔，并在靶板内部产生冲击波，同时向金属流内部产生膨胀波。因此，一部分射流微粒在入口处堆积，一部分向入口周围飞溅开来。

第三个过程，金属射流在破甲过程中逐渐消失。金属射流与靶板高速碰撞，压力最高可达 300 万个大气压，最低可达 100 万个大气压。在如此高的压力作用下，靶板材料由固相变成液相，向侧向或前面流动成孔；而金属射流也达液相状态，小部分从入口处飞溅出去，大部分依附于穿孔表面，随着压力降低，又由液相转化成固相。但此时的固相已不是穿甲前的固相，而是在圆滑的圆锥孔洞的周围形成一层硬化层，其厚度为 10～13mm。

第四个过程，在炸高足够大、靶板足够厚的情况下，当破甲深度达到一定值时，后续的金属射流发生断裂。此时为断裂金属射流破甲过程，其穿甲速度大为降低。当金属射流速度下降至某一极限值时，破甲过程即将停止，穿甲速度将变为零。

为研究聚能射流对靶板作用的单位面积冲量大小，可通过对比集团装药和聚能装药在不同介质中接触爆炸的情形，推导出相关公式予以计算[71-72]。

（一）无壳集团装药接触爆炸对靶板的作用冲量

以无壳圆柱形集团装药为例，假设其装药长度为 l，半径为 r。将其竖直地放置在刚性平面上，从装药上端引爆。根据有关公式，当 $l<4.5r$ 时，无壳装药对刚性底面的单位面积冲量为[73,74]

$$i_1=\frac{8}{27}\rho_0 lD\left(\frac{4}{9}-\frac{8}{81}\frac{l}{r}+\frac{16}{2187}\frac{l^2}{r^2}\right)=\frac{32}{243}\rho_0 lD\left(1-\frac{2l}{9r}+\frac{4l^2}{243r^2}\right)\qquad(3-33)$$

假设装药为B炸药（RDX/TNT，50/50），$l=10\text{cm}$，$r=4\text{cm}$，$\rho_0=1.63\text{g/cm}^3$，$D=7800\text{m/s}$，计算可得

$$i_1=91074.90\approx0.911\times10^5(\text{N}\cdot\text{S/m}^2)$$

（二）带壳集团装药接触爆炸对靶板的作用冲量

当装药限制在钢制壳体内时，由于壳体的存在，限制了径向稀疏波向装药内部扩展，延缓了爆轰产物的飞散，从而使其对端部钢壁作用的单位冲量相应增大。

假设装药长度为 l，且爆轰产物在任一时刻的密度以 ρ 表示，则在初始状态时，爆轰产物的质量为 $\pi r^2 l\rho_0$；而在任一瞬间，爆轰产物的质量为 $\pi R^2 l\rho$。根据质量守恒，可得

$$\pi r^2 l\rho_0=\pi R^2 l\rho\qquad(3-34)$$

式中：R 为装药爆炸膨胀到某时刻的半径，即

$$R=r\left[1+\frac{1}{8}\left(\frac{D}{r}\right)^2 t^2\frac{m}{M}\right]^{1/2}\qquad(3-35)$$

因为 $p\propto\rho^3$，所以可得

$$p=\frac{1}{8}\rho_0 D^2\left(\frac{r}{R}\right)^6=\frac{1}{8}\rho_0 D^2\left[1+\frac{1}{8}\left(\frac{D}{r}\right)^2 t^2\right]^{-3}\qquad(3-36)$$

式（3-36）便是在考虑了壳体膨胀的情况下，圆柱形装药爆炸时产物压力随时间的变化规律。那么，其对目标的单位冲量为

$$i'=\int_0^\infty p\mathrm{d}t=\frac{1}{8}p_0 D^2\int_0^\infty\left[1+\frac{1}{8}\left(\frac{D}{r}\right)^2 t^2\right]^{-3}\mathrm{d}t\qquad(3-37)$$

将式（3-37）积分，并化简后得到

$$i'=\frac{3\pi}{128}\rho_0 Dd\sqrt{\frac{2M}{m}}=\frac{3\sqrt{2\pi}}{128}\rho_0 Dd\sqrt{\frac{M}{m}}\qquad(3-38)$$

式中：$d=2r$。当 $l\leqslant4.5r$ 时，作用于目标表面上的全部单位面积冲量为

$$i_2=\frac{32}{243}\rho_0 lD\left(1-\frac{2l}{9r}+\frac{4}{243}\frac{l^2}{r^2}\right)+\frac{3\sqrt{2}}{64}\pi\rho_0 Dr\sqrt{\frac{M}{m}}=i_1+i'\qquad(3-39)$$

式中：r 为装药半径；R 为装药爆炸膨胀后半径；ρ_0 为初始装药密度；D 为爆轰波速度；l 为装药高度；M 为壳体质量；m 为装药质量。当 $M\to 0$ 时，则式(3-39)转变为无壳装药爆轰时作用于目标的单位冲量公式[71]。

若壳体为 2mm 厚钢壳，则壳体质量 M 为 0.4017kg，装药质量 m 为 0.8139kg，则计算可知

$$i'=73901.85(\mathrm{N\cdot S/m^2}),\ i_2=164976.75\approx 1.650\times 10^5(\mathrm{N\cdot S/m^2})$$

（三）无壳聚能装药接触爆炸对目标的作用冲量

如果仅在圆柱形装药下部挖出一锥形孔，当爆轰波前进到锥体部分，其爆轰产物则沿着锥孔内表面垂直的方向飞出，由于飞出速度相等，药型对称，爆轰产物聚集在轴线上，使锥形面上的爆轰产物沿其母线的法线方向飞散，汇聚成一股速度和压力都很高的气流，称为聚能流（产物流）。在离聚能穴底部一定距离上某点聚集的能量密度最大，产物运动速度最高，此点即为焦点。焦点与聚能穴底面的距离称为焦距，用 f 表示。当目标处于焦点位置时破坏作用最好。产物流具有极高的速度、密度、压力和能流密度，速度可达 1200～1500m/s，直径在焦点处只有装药直径的 1/5～1/4[75]。如果在锥形孔内壁安放一个金属罩（称为药型罩），炸药爆炸后在爆轰产物作用下推动罩壁向轴线方向运动，运动的罩壁在轴线上发生碰撞，则形成金属射流。

首先，考虑无药型罩的情形，只是在装药下部挖出一锥形孔（聚能穴）。这样，无罩时与有罩时形成的射流将有较大程度的区别。装药爆炸时，锥孔处爆轰产物向轴线汇聚时，由于下列两个因素而产生高压气流：

（1）爆轰产物质点以一定速度沿近似垂直于锥面的方向向轴线会聚，使能量集中；

（2）爆轰产物的压力本来就很高，汇聚时在轴线处形成更高的压力区，高压迫使爆轰产物向周围低压区膨胀，使能量分散。

通常，对于聚能作用，可用单位体积能量——能量密度 E 来衡量能量集中的程度。爆轰波的能量密度可用下式表示：

$$E=\rho\left[\frac{P}{(n-1)\rho}+\frac{1}{2}u^2\right]=\frac{P}{n-1}+\frac{1}{2}\rho u^2 \tag{3-40}$$

式中：E 为爆轰波的能量密度；ρ 为爆轰波阵面的密度（$\mathrm{kg/m^3}$）；P 为爆轰波阵面的压力（Pa）；u 为爆轰波阵面的质点速度（m/s）；n 为方指数。

当多方指数取 3 时，$P=\frac{1}{4}\rho_0D^2$，$\rho=\frac{4}{3}\rho_0$，$u=\frac{D}{4}$，代入式(3-40)得

$$E=\frac{1}{8}\rho_0D^2+\frac{1}{24}\rho_0D^2 \tag{3-41}$$

式中：ρ_0 为炸药的密度（kg/m^3）；D 为炸药的爆速（m/s）。其中：$\frac{1}{8}\rho_0 D^2$ 表示位能，$\frac{1}{24}\rho_0 D^2$ 表示动能。也就是说，位能占3/4，动能只占1/4。而在聚能过程中，动能是能够集中的，位能则不能集中，反而起到分散作用，所以只带锥孔的圆柱形药柱聚能流的能量集中程度不是很高的。

直接计算聚能流的冲量作用比较困难，这里作一简化计算。假设形成的有效聚能流为一圆柱体，面积为 S，长度为 L_j，则根据能量及动量方程，有

$$\frac{E}{4}\cdot S\cdot L_j=\frac{1}{2}mv^2=\frac{1}{2}mv\cdot v\,\frac{1}{2}I\cdot v=\frac{1}{2}i_3\cdot S\cdot v$$

$$i_3\,\frac{EL_j}{2v}=\frac{\rho_0 D^2 L_j}{12v} \tag{3-42}$$

这里 L_j 的长度可取装药半径大小，即 $L_j=0.04$m，v 取1200m/s，计算可得

$$i_3=273780\approx 2.738\times 10^5\,(N\cdot S/m^2)$$

接下来，考虑有药型罩时的情形，装药爆轰时将形成聚能射流侵彻靶板。对于聚能射流而言，也可作同样处理。假设形成的有效聚能射流是面积为 S 的圆柱体，质量为 m_j，射流速度 v_j 恒定，则根据动量方程及定常理想不可压缩流体力学理论的相关结论，有

$$I=i_3'\cdot S=m_j\cdot v_j=\frac{1}{2}m(1-\cos\beta)\cdot v_0$$
$$\left\{\frac{\cos[(\beta-\alpha)/2]}{\sin\beta}+\frac{\cos[(\beta-\alpha)/2]}{\tan\beta}+\sin\left(\frac{\beta-\alpha}{2}\right)\right\}$$

即

$$i_3'=\frac{1}{2}m(1-\cos\beta)\cdot v_0\left\{\frac{\cos[(\beta-\alpha)/2]}{\sin\beta}+\frac{\cos[(\beta-\alpha)/2]}{\tan\beta}+\sin\left(\frac{\beta-\alpha}{2}\right)\right\}/s \tag{3-43}$$

式中：v_0 为药型罩的压垮速度（m/s）；α 为药型罩半锥角（°）；β 为压垮角（°）；m 为药型罩质量（kg）。

假设锥形罩半锥角 $\alpha=45°$，高度 $h=4$cm，厚度 $\delta=0.2$cm，材料为紫铜，密度 $\rho=8.9\times 10^3 kg/m^3$，则药型罩质量 $m=57.8$g；装药为B炸药，$l=10$cm，$r=4$cm，$\rho_0=1.63g/cm^3$，$D=7800$m/s，则可求得 $v_0=3575$m/s，$\beta=56.5°$。通过式（3-43）计算可得 $i_3'=461892.83\approx 4.619\times 10^5\,(N\cdot S/m^2)$。

（四）带壳聚能装药空气中接触爆炸对目标的作用冲量

为增强聚能装药的作用效果，装药通常带有外壳，以限制爆炸能量向四周飞散，从而减弱了稀疏波的影响，增加了有效药量，加大了作用效果。根据前述推

导的带壳集团装药与无壳聚能装药接触爆炸对目标的单位面积冲量计算公式，可推导出带壳聚能装药(无药型罩)接触爆炸对目标的单位面积冲量计算公式：

$$i_4=\frac{\rho_0 D^2 L}{12v}+\frac{3\sqrt{2}}{64}\pi\rho_0 Dr\sqrt{\frac{M}{m}}=i_3+i' \tag{3-44}$$

计算可得

$$i_4=347681.85\approx 3.477\times 10^5(\mathrm{N\cdot S/m^2})$$

同理，可推导出带壳聚能装药(有药型罩)接触爆炸对目标的单位面积冲量计算公式：

$$i_4'=\frac{\rho_0 D^2 L}{12v}+\frac{3\sqrt{2}}{64}\pi\rho_0 Dr\sqrt{\frac{M}{m}}=i_3'+i' \tag{3-45}$$

计算可得

$$i_4'=535794.68\approx 5.358\times 10^5(\mathrm{N\cdot S/m^2})$$

（五）带壳聚能装药水中接触爆炸对目标的作用冲量

水中接触爆炸与空气中接触爆炸的不同点在于，空气的密度很小，对爆破的影响可以忽略，而水是密实介质，它的密度与装药和目标的密度同量级，对爆破的影响较大，必须予以考虑。水对爆破的影响是双重的：一方面，水阻碍爆炸产物飞散，延长了产物对目标的作用时间，增大了爆炸产物对目标的作用；另一方面，水阻碍目标上被破坏部分发生位移，增强了目标对爆炸作用的抵抗能力。这样的话就可以先求出参加运动的水的质量，再利用装药在空气中爆炸的理论对问题进行分析解决。为此，先以无壳集团装药为例进行计算。设参与运动的水的质量为 M_c，则由能量守恒定律

$$\frac{1}{2}mu_0^2=\frac{1}{2}(m+M_c)u_c^2 \tag{3-46}$$

即

$$\frac{m^2u_0^2}{m}=\frac{(m+M_c)^2u_c^2}{m+M_c} \tag{3-47}$$

式中：m 为装药的质量；u_0 为装药在真空中的飞散速度；u_c 为在水中产物的平均速度。因为 $I=mu_0$ 及 $I_c=(m+M_c)u_c$ 冲量)，所以 $\frac{I^2}{m}=\frac{I_c^2}{m+M_c}$，即 $I_c=I\sqrt{\frac{m+M_c}{m}}$。由于作用在目标物上的冲量无论在水中还是在空气中都与装药爆炸的总冲量成正比，由上式(3-47)可以看出，装药在水中爆炸作用在目标上的冲量比在空气中爆炸作用在目标上的冲量增大了 $\sqrt{\frac{m+M_c}{m}}$ 倍。因此，只要确定

了 M_c/m，就可根据装药在空气中的爆炸作用冲量得到其在水中的作用冲量。根据有关资料[66]，可得到表达式

$$\frac{m+M_c}{m}=1+4.8\frac{\rho_c}{\rho_0}$$

式中：ρ_0 为炸药密度；ρ_c 为水的密度。该公式只是在一定条件下得到的经验公式。

对于带壳聚能装药而言，由于爆轰能量首先作用于外壳，在使外壳破碎并获得最大动能时会消耗一定的能量，因此参与运动的水的质量相对减少。特别是当外壳的厚度较大时，可以忽略参与运动的水的质量。也就是说，这时的水介质对聚能装药的射流参数以及壳体破片初速几乎没有影响。但是，此时的水介质对壳体获得初速以后的运动、射流的运动以及它们对目标的作用等方面的影响还是很大的。一般从安全性的角度考虑时，可以忽略参与运动的水的质量。考虑装药壳体的存在，利用同样的方法可以列出作用在水中目标物上的冲量与作用在空气中目标物上的冲量之间的关系：

$$I_{cg}=I_g\sqrt{\frac{m+M_1+M_c}{m+M_1}} \tag{3-48}$$

式中：I_g 和 I_{cg} 分别为带壳聚能装药在空气中和水中的总冲量）；M_1 为壳体的质量；M_c 为参加运动的水的质量。而真正计算参与运动的水的质量比较复杂。由上面的分析可以知道，实际上参与运动的水的质量不仅与炸药的性能参数有关，而且还与装药的外壳有关，外壳的材质、形状都是影响的因素。

因此，带壳聚能装药（无药型罩）水中接触爆炸对目标的作用冲量为

$$\begin{aligned} i_5=I_{cg}/S&=I_g\sqrt{\frac{m+M_1+M_c}{m+M_1}}/S \\ &=I_g\sqrt{\frac{\left(1+4.8\frac{\rho_c}{\rho_0}\right)m+M_1}{m+M_1}}/S \\ &=i_4\sqrt{\frac{\left(1+4.8\frac{\rho_c}{\rho_0}\right)m+M_1}{m+M_1}} \end{aligned} \tag{3-49}$$

计算可得

$$i_5=1.727i_4=600445.09\approx6.004\times10^5(\mathrm{N\cdot S/m^2})$$

同理，可推导出带壳聚能装药（有药型罩）水中接触爆炸对目标的作用冲量计算公式：

$$i_5' = i_4'\sqrt{\frac{\left(1+4.8\dfrac{\rho_c}{\rho_0}\right)m+M_1}{m+M_1}} \tag{3-50}$$

计算可得

$$i_5' = 1.727 i_4' = 925317.41 \approx 9.253\times10^5 (\mathrm{N\cdot S/m^2})$$

综上所述,可得到集团装药和聚能装药这两类装药不同条件下接触爆炸对目标作用的单位面积冲量,如表 3-1 所列。

表 3-1　装药接触爆炸对目标作用的单位面积冲量计算值

装药类型	无壳集团装药	带壳集团装药	无壳聚能装药	带壳聚能装药（2mm 钢壳）空气中爆炸	带壳聚能装药（2mm 钢壳）水中爆炸
无药型罩/（$\mathrm{N\cdot S/m^2}$）	0.911×10^5	1.650×10^5	2.738×10^5	3.477×10^5	6.004×10^5
有药型罩/（$\mathrm{N\cdot S/m^2}$）	—	—	4.619×10^5	5.358×10^5	9.253×10^5

从计算结果可明显地看出,聚能装药爆炸后作用在目标上的单位冲量远高于集团装药。其中,带有壳体的集团装药约为无壳时的 1.8 倍,带有壳体的聚能装药约为无壳时的 1.27 倍;带壳聚能装药空气中爆炸约为无壳集团装药的4 ~6 倍,水中爆炸时则能达到 7 ~10 倍;有金属药型罩的聚能装药约为无药型罩时的 1.68 倍。可见,药型罩直接影响着装药爆炸后作用在目标上的冲量大小。基于此,可着重从药型罩方面进行聚能战斗部结构设计。

第二节　后级弹丸理论分析

前级圆锥罩形成射流作用靶板后,后级球缺罩开始形成 EFP 在射流穿孔的基础上继续对靶板进行侵彻。为简化分析,这里先单独考虑 EFP 对靶板的作用,依据侵彻速度研究其对半无限厚靶板的侵彻过程。

一、EFP 侵彻靶板过程分析

（一）流体动力模式

在工程近似分析中,当碰撞点动压大于靶板材料动态屈服强度 σ_Y^D 的 10 倍时,即碰撞点处动压 $\rho_1 U^2/2 > 10\sigma_Y^D$,可以忽略靶板的强度效应,而将其作为流体处理,其中 ρ_t 是靶板密度。若取 $\rho_t = 7800\mathrm{kg/m^3}$,$\sigma_Y^D = 503\mathrm{MPa}$,代入判别式得

$$U^f_{cr} = 1136.3\text{m/s} \tag{3-51}$$

即当侵彻面速度大于 1136.3m/s 时，靶板当作不可压缩流体来处理。又根据伯努利方程 $\rho_j\ (v-U)^2/2 = \rho_t U^2/2$，可得 $v = (1 + \sqrt{\rho_t}/\sqrt{\rho_j})U$。$\rho_j$ 为 EFP 的密度，当药型罩材料紫铜时，密度可取 8.9g/cm^3，将 U 代入式(3-51)，得

$$U^f_{cr} = 2200\text{m/s} \tag{3-52}$$

当 EFP 速度大于 2200m/s 时，靶板可当作不可压缩流体来处理。

（二）破碎穿孔模式

当 $1 < \dfrac{\rho_t U^2}{2\sigma^D_Y} \leqslant 10$ 时，材料的强度效应开始发挥作用，按破碎穿孔模式分析，将相关参数代入式(3-52)求得

$$U^r_{cr} = 359\text{m/s} \tag{3-53}$$

U^r_{cr} 是靶板处于塑性变形的侵彻极限速度。假设 EFP 仍处于高温流动状态，同理，按伯努利方程求得 EFP 的极限速度为

$$U^{r'}_{cr} = 695\text{m/s} \tag{3-54}$$

（三）刚体侵彻模式

而当 $\dfrac{\rho_t U^2}{2\sigma^D_Y} \leqslant 1$ 时，即 EFP 速度小于 695m/s 时，材料的强度效应起主导作用，为刚体侵彻模式，EFP 对靶板的侵彻与通常意义下的弹丸（或破片）对靶板的侵彻相类似。

二、EFP 侵彻深度计算

可根据经验公式对 EFP 侵彻深度进行计算。

（一）流体侵彻阶段

流体侵彻阶段不考虑靶板强度影响，根据伯努利方程求得侵彻速度：

$$U = \frac{v}{1 + \sqrt{\rho_t/\rho_p}} \tag{3-55}$$

根据高速射流定常侵彻的计算方法，将流体动力阶段作为定常侵彻处理，EFP 的侵彻深度为

$$P_1 = Ut = U\frac{l}{v-U} = l_1\sqrt{\frac{\rho_p}{\rho_t}} \tag{3-56}$$

式中：l_1 为流体动力阶段 EFP 侵彻靶板时的侵蚀长度；v、ρ_t、ρ_p 分别分 EFP 弹丸速度、靶板的密度和 EFP 弹丸的密度。

（二）破碎穿孔阶段

当 EFP 速度低于流体动力模型所需的极限速度 $v^f_{cr} = 2200\text{m/s}$ 时，侵彻进入

破碎穿孔阶段。此时需要考虑材料强度的影响，因此，采用修正流体动力模型计算，即将伯努利方程表示成

$$\frac{1}{2}\rho_{\mathrm{p}}(v-U)^{2}=\frac{1}{2}\rho_{\mathrm{t}}U^{2}+R \tag{3-57}$$

式中：$R=R_{\mathrm{t}}-R_{\mathrm{p}}$，为靶板和 EFP 破坏强度之差。

由此可求得侵彻速度：

$$U=\frac{1}{1-\rho_{\mathrm{t}}/\rho_{\mathrm{p}}}\left[v-\sqrt{\frac{\rho_{\mathrm{t}}}{\rho_{\mathrm{p}}}v^{2}+\left(1-\frac{\rho_{\mathrm{t}}}{\rho_{\mathrm{p}}}\right)\frac{2R}{\rho_{\mathrm{p}}}}\right] \tag{3-58}$$

同样，根据高速射流定常侵彻的计算方法，将破碎穿孔阶段作为定常侵彻处理，则破碎穿孔阶段的侵彻深度为

$$P_{2}=\frac{v-\sqrt{\frac{\rho_{\mathrm{t}}}{\rho_{\mathrm{p}}}v^{2}+\left(1-\frac{\rho_{\mathrm{t}}}{\rho_{\mathrm{p}}}\right)\frac{2R}{\rho_{\mathrm{p}}}}}{-\frac{\rho_{\mathrm{t}}v}{\rho_{\mathrm{p}}}+\sqrt{\frac{\rho_{\mathrm{t}}}{\rho_{\mathrm{p}}}v^{2}+\left(1-\frac{\rho_{\mathrm{t}}}{\rho_{\mathrm{p}}}\right)\frac{2R}{\rho_{\mathrm{p}}}}}l_{2} \tag{3-59}$$

式中：l_2 为破碎穿孔阶段 EFP 侵彻靶板的长度消蚀量。

（三）刚体侵彻阶段

当 EFP 速度低于破碎穿孔阶段的极限速度 $U_{\mathrm{cr}}^{r}=695\mathrm{m/s}$ 时，EFP 对靶板的侵彻进入刚体侵彻阶段。此时，对侵彻起主要作用的是材料强度，残余 EFP 对靶板的侵彻可按破片的侵彻作用计算。采用 Ammann – Whitney 经验公式计算该阶段的侵彻深度。其计算式如下：

$$P_{3}=\frac{5.9476\times10^{-5}NDd^{1.2}v^{1.8}}{f_{\mathrm{c}}^{0.5}} \tag{3-60}$$

式中：N 为弹头形状因子；f_{c} 为靶板的压缩强度；$D=4M/(\pi d)^{2}$ 为弹的口径密度，M 为残余部分的质量，d 为弹的直径。

在实际情况下，EFP 高速侵彻靶板时，当同时出现流体动力侵彻模式与破碎穿孔侵彻模式时，流体动力侵彻引起的侵彻深度是主要的，破碎穿孔引起的侵彻深度相对有限。因此，当 EFP 初速度大于流体动力模式极限速度 $v_{\mathrm{cr}}^{f}=2200\mathrm{m/s}$ 时，可将两阶段合二为一，作为流体动力模式处理。

另外，EFP 侵彻靶板时，其有效长度并没有全部消蚀，存在着残余弹体，残余弹体的长度与其半径相当，即近似等于 0.5d。考虑如上因素，采用如下公式直接计算不同初速 v_0 的 EFP 侵彻靶板的深度。

当 $v_{0}>v_{\mathrm{cr}}^{f}=2200\mathrm{m/s}$ 时，只考虑流体动力侵彻和刚体侵彻，总侵彻深度为

$$P=(l_{0}-0.5d)\sqrt{\frac{\eta\rho_{\mathrm{p}}}{\rho\mathrm{t}}}+\frac{5.7946\times10^{-5}NDd^{1.2}695^{1.8}}{f_{\mathrm{c}}^{0.5}} \tag{3-61}$$

当 $v_{cr}^{r} = 695\text{m/s} < v_0 \leqslant v_{cr}^{f} = 2200\text{m/s}$ 时，按修正流体动力模型和刚体侵彻计算，则总侵彻深度为

$$P = (l_0 - 0.5d)\frac{v_0 - \sqrt{\dfrac{\rho_t}{\eta\rho_p}v_0^2 + \left(1 - \dfrac{\rho_t}{\eta\rho_p}\right)\dfrac{2R}{\eta\rho_p}}}{-\dfrac{\rho_t v_0}{\eta\rho_p} + \sqrt{\dfrac{\rho_t}{\eta\rho_p}v_0^2 + \left(1 - \dfrac{\rho_t}{\eta\rho_p}\right)\dfrac{2R}{\eta\rho_p}}} + \frac{5.9746 \times 10^{-5} NDd^{1.2} 695^{1.8}}{f_c^{0.5}} \tag{3-62}$$

当 $v_0 \leqslant v_{cr}^{r} = 695\text{m/s}$ 时，总体侵彻深度为

$$P = \frac{5.9746 \times 10^{5} NDd^{1.2} 695^{1.8}}{f_c^{0.5}} \tag{3-63}$$

式中：d 为 EFP 的直径；l_0 为 EFP 的初始长度。

三、组合流弹理论分析

圆锥、球缺型组合药型罩通过聚能射流与 EFP（这里统称为组合流弹）来毁伤目标。射流主要是用于前级穿孔以及为后续 EFP 提供低能耗通道。所以，从毁伤角度来讲，仍需重点考虑 EFP 的破坏性能。通常，从 EFP 的速度、外形、长径比和终点效应等方面来考虑 EFP 的主要性能指标[76]。性能优良与否，取决于具体的战术目的。例如，要利用 EFP 来穿透敌装甲等，则考察的是 EFP 的侵彻能力，此时体现其性能优良的指标应该是良好的轴对称回转体、大的长径比、稳定的飞行能力及大的侵彻深度，而无须考虑其破坏半径[77]。但是，若用于破坏含水夹层复合装甲目标时，其破坏过程分为通过水介质层、破孔、水介质后效 3 个阶段[78]，此时体现其性能优良的指标应该是开腔的大小、弹后水介质速度和对靶板的破坏面积，而不再是单纯的侵彻能力，所以小长径比（短而粗）的钝头结构 EFP 会更合理些，在小炸高范围内，对于飞行稳定性要求并不高，可以不考虑飞行中的速度降问题[76]。

上述分析仅适应于接触爆炸单层靶板的情形。在接触爆炸带含水夹层的复合装甲结构时，由于射流与 EFP 需在水中运动一段时间后才能继续毁伤内层靶板，因此水对射流与 EFP 的毁伤效果具有重要的影响。从以往的工程实践可知，水对射流的影响是显而易见的，但正是由于射流的存在，排开了水的质量，减小了后续 EFP 的运动阻力。组合流弹中 EFP 作为主要的毁伤单元，在运动过程中能量损耗较小，从而对目标的破坏作用得以加强。

另外，该组合药型罩所形成的 EFP 与单一药型罩所形成的 EFP 有一定的区别，根据前级射流速度的大小，有可能会出现中心穿孔的效果，甚至可能分裂成双 EFP 弹丸。中心穿孔的 EFP 在侵彻水介质过程中，阻力将大为减小，因此运

动过程中消耗的能量少，从而增强了对靶板的作用效果。可见，组合药型罩聚能战斗部兼具圆锥罩和球缺罩两种药型罩的特点，既能形成金属射流，又能产生翻转弹丸，使成型侵彻体质量增大、速度加快，非常有利于破坏带含水夹层的复合装甲目标，如双壳体结构的潜艇。

第四章　高效聚能战斗结构设计

高效聚能战斗部通过聚能射流和 EFP 两种方式对目标实施侵彻破坏，为进一步增强战斗部的水下爆炸作用，提高其对目标的破坏效果，必须对聚能战斗部的结构进行优化设计，寻求最佳的战斗部结构形式。其中，重点需对战斗部药型罩结构参数进行优化设计，一定要保证前级药型罩能够形成聚能射流并对目标实施开孔，形成 EFP 弹丸运动所需的空腔，从而为后续 EFP 的侵彻提供无能耗或低阻通道，并显著减少 EFP 弹丸的能量消耗。高效战斗部采用的组合药型罩相对于单一药型罩有其独特的优势。

第一节　影响聚能效应的主要因素

鉴于组合药型罩聚能战斗部具有单一药型罩所不具备的特性优势，为进一步提高其毁伤效果，需对该结构展开优化设计研究，重点是对影响其毁伤效果的各相关参数进行分析。影响战斗部爆破效果的主要因素有很多，如装药、药型罩、炸高、隔板、壳体、起爆方式等，而药型罩又包括其材料、结构形式、锥角、质量、厚度、母线长度等因素。由于影响因素众多，不可能一一考虑，而应对影响爆破效果的主要因素予以确定。通过借鉴现有成熟技术，结合理论研究和数值模拟计算，在试验验证的基础上，可以分析并确定影响战斗部爆破效果的主要因素，并在设计过程中对主要因素严格把握，确保主要因素得到控制。

一、装药

聚能战斗部装药是水中兵器破坏敌目标的能量来源。装药的性能是影响爆破威力的首要因素。而影响炸药聚能效果的主要原因是爆压，爆压取决于爆速与装药密度。因此，装药应选用猛度大、爆速高的高能炸药，并且应提高装药密度，促使低速爆轰向高速爆轰的转化[66]。同时从安全角度考虑，装药还应具有感度低、安全性好的特点。

在装药量有限的条件下，采用高能炸药或核装药来增强爆炸威力是一种可选的途径。面对抗爆性能良好的现代潜艇，在装药量有限的条件下必须采用高能炸药来增强爆炸威力。例如:英国的“甫鱼”鱼雷战斗部装药由“HMX + 铜粉 + 塑料黏结剂”混合组成;法国的“海鳝”鱼雷战斗部装药也采用以“HMX”为基的塑固高能混合炸药。

国外聚能型鱼雷战斗部常用的装药形状有半球型凹面装药结构、楔型装药结构、锥孔装药结构、双锥啮合装药结构等,一般均呈轴对称分布[79]。半球型凹面装药结构产生的射流短而粗,能使爆炸冲击波较好地聚集、定向目标,提高了穿透潜艇壳体的能力;楔型装药结构以高温、高压形成的水中冲击及轻金属与水反应而形成气泡攻击潜艇;锥孔装药结构产生的射流细而长,有单锥空装药结构和串联式锥空装药结构等形式。这种装药引爆后产生单一密集的高速金属射流沿轴向会合,能够形成强大的穿透艇壳体的冲击波射流,加工方便,应用十分广泛。上述结构各有优势,在实际使用中可根据不同需要采用不同装药结构以取得最佳毁伤效果。

装药尺寸确定的原则是:保证爆轰时具有最大的有效药量。根据不同的使用目的可采用不同的装药结构,为了使结构合理,一般装药直径和药型罩底部尺寸相同,其外壳与药型罩底部相配合。若要保证装药利用率最大时,装药高度应满足:

$$H = h + 2r \tag{4-1}$$

式中:H 为装药高度(mm);h 为药型罩高度(mm);r 为药柱半径(mm)。

在实际使用中,为减少药量,通常降低装药高度,而其有效药量的减少并不多。所以,一般采用下式计算:

$$H = h + r \tag{4-2}$$

二、药型罩

有无药型罩对破甲深度影响很大。实验表明,50g TNT/RDX(50/50)装药,底部有一圆锥形空穴与钢板接触爆破时破甲深度为 13.7mm,而有药型罩时破甲深度为 33.1mm。药型罩是形成金属射流或 EFP 的主体,它对聚能破甲效应有着显著的影响。可以说,药型罩是影响聚能战斗部爆破效果的一个最为重要的因素,包括其材料与质量、尺寸(壁厚、锥角、母线长度或曲率半径等)、结构形式以及加工质量等诸多因素。因此,在药型罩选择时,必须全面考虑,做好优化设计。

(一) 材料与质量

药型罩的材料、质量、口径、结构方式不同,破甲威力不同。材料的塑性、密度和声速直接影响侵彻性能。因此,材料的塑性、密度和声速是选择药型罩材料不可缺少的参考指标[33,77]。

应选择可压缩性小、密度大、塑性和延展性好的药型罩材料,其在射流形成中不会汽化[80]。应用于穿甲时,应选择质量大、长径比适当的金属药型罩。铜罩产生的金属射流头部速度为 7 ~ 8km/s,甚至达 10km/s,头部能量密度达爆轰波能量密度的 14.4 倍。钢制药型罩仅次于紫铜,但没有其稳定,可以节省成本。为达到良好的毁伤效果,战斗部通常选择铜药型罩。

随着科学技术的发展,一些新的材料开始应用于药型罩,如钼、钨、镍以及钨铜、铼铜、镍合金以及超塑合金等[77]。美国霍肯公司[81-82]用高密度新材料钨铜镍作药型罩,其破甲穿深与紫铜相比提高了 30% 以上[83]。

(二)药型罩尺寸

1. 壁厚

药型罩的最佳壁厚并非恒定,随其材料、锥角、直径以及有无外壳等因素的变化而发生变化[84-86]。总的来说,药型罩的最佳壁厚随罩材料比重的减小而增加;随罩锥角的增加而增加。药型罩的最佳壁厚与罩半锥角的正弦成比例,当锥角小于 45°时,这个比例略大些;药型罩的最佳壁厚还随罩口径的增加而增加,随外壳的加厚而增加。药型罩壁厚 δ 一般约为其口部内径的 1% ~6%。在设计铜质药型罩时,其壁厚可按下式进行估算:

$$\delta = (0.029 - 0.04) D_k \tag{4-3}$$

式中:D_k 为药型罩口部内径。

对锥形罩而言,壁厚直接影响射流的形成,而射流长短及直径大小决定穿孔质量。因此,药型罩壁厚不能太厚和太薄。厚度与材料相关,韧性越好,厚度越厚[87]。

对大锥角或球缺罩而言,壁厚直接影响 EFP 弹丸的破坏效果。

因为球缺型药型罩最终将对目标造成致命毁伤,所以选取不同壁厚的球缺型药型罩进行数值计算,具体结果如图 4-1 所示。

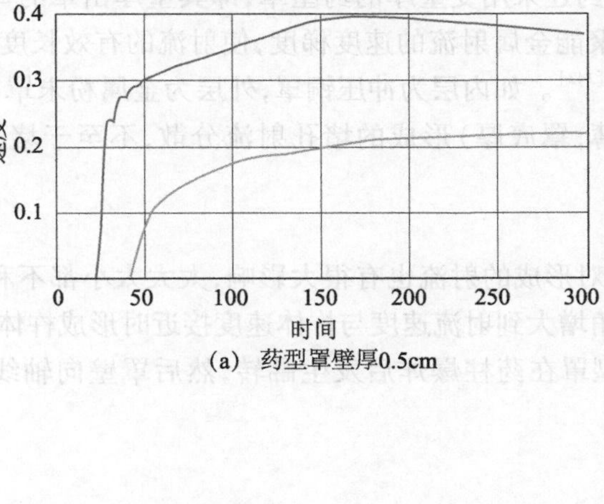

(a) 药型罩壁厚0.5cm

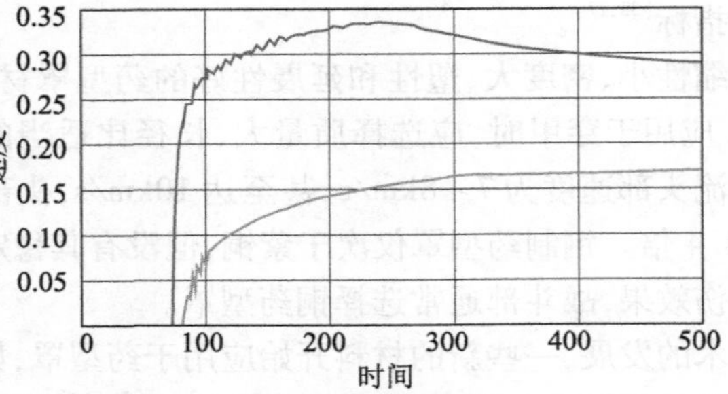

(b) 药型罩壁厚1cm

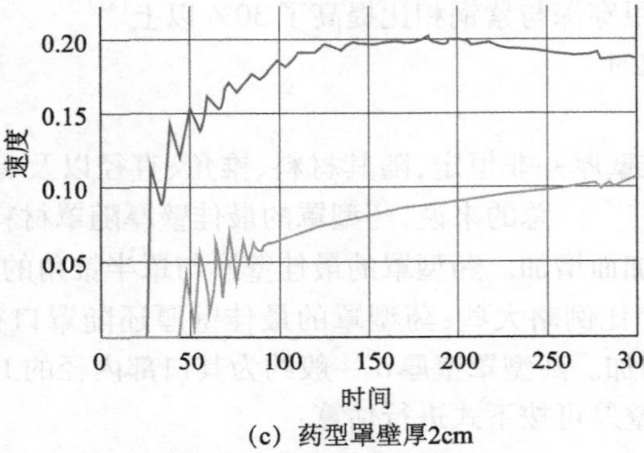

(c) 药型罩壁厚2cm

图 4－1　药型罩壁厚对 EFP 速度影响示意图

计算结果表明，药型罩壁厚越厚，其获得的速度越小。但是，壁厚薄引起的弹丸形状的改变、弹丸动量的减少也不容忽视。一般来讲，选取适宜的药型罩厚度对形成弹丸的破甲威力有直接的影响。

从结果的数据中得到，药型罩壁厚为 2cm 时，速度较药型罩壁厚为 1cm 时下降很大，但是药型罩壁厚为 1cm 和 0.5cm 时，其速度差别不是很大，加上弹丸形状与弹丸质量的因素，可以认为在上述条件下，1cm 的药型罩壁厚是合适的。

有的聚能装药还采用变壁厚的药型罩，即其壁厚由罩的口部到锥形顶部逐渐减薄，以增大聚能金属射流的速度梯度，使射流的有效长度得以充分延伸，从而提高破甲深度[142]。如内层为冲压铜罩，外层为金属粉末罩的复合罩（罩的厚度不均匀，罩顶薄，罩底厚）形成的堵孔射流分散，不至于堵孔，破坏效果十分明显。

2. 锥角

药型罩锥角对形成的射流也有很大影响，太大太小都不利。锥面顶角一般为 30° ~ 70°，锥角增大到射流速度与杵体速度接近时形成杵体弹丸，继续增大至一定角度时，药型罩在药柱爆炸后发生翻转，然后罩壁向轴线收拢形成翻转弹丸。为防止杵体的形成,可采用粉末烧结药型罩或者是粉末压结药型罩[84-86]。

3. 母线长度或曲率半径

对于圆锥罩而言,药型罩的母线长度对射流的侵彻深度具有很大的影响。在最佳炸高处,其侵彻深度可达罩母线长度的1.21~1.40倍。可以依据所需侵彻深度来选择罩母线长度。

对于球缺罩而言,药型罩的曲率半径对弹丸的形状、弹丸的速度都有很大的影响。合理选择药型罩的曲率半径,可以产生速度高、形状好的弹丸,增强其破甲能力。为了研究药型罩曲率半径对弹丸参数的影响,在装药高度20cm、药型罩口径50cm、药型罩壁厚1cm等条件不变的前提下,分别对30cm、40cm、50cm和70cm药型罩曲率半径条件下的弹丸进行了数值计算,得出各曲率半径下的弹丸头部、尾部速度曲线和弹丸形成过程形状图。图4-2为不同曲率半径时的弹丸形状示意图。

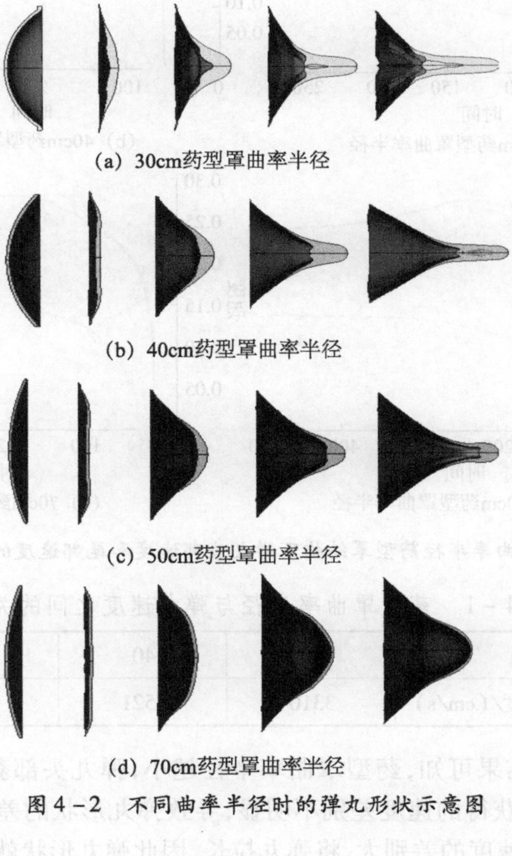

(a) 30cm药型罩曲率半径

(b) 40cm药型罩曲率半径

(c) 50cm药型罩曲率半径

(d) 70cm药型罩曲率半径

图4-2 不同曲率半径时的弹丸形状示意图

从计算结果可以看出,药型罩的曲率半径越大,产生的弹丸的形状越接近短粗的形状,其质心越靠后,弹丸的长度越短;药型罩曲率半径越小,产生弹丸的形状越接近细长的形状,其质心位置靠前,弹丸的长度越长,形成类似于射流的状态。但是,当药型罩的曲率半径为30cm时,弹丸形成过程中发生了类似射流的断裂。

药型罩的曲率半径对弹丸的速度有着同样重要的影响。图4-3为各曲率半径药型罩结构下弹丸头部速度和尾部速度的时程曲线图;表4-1所列为药型罩曲率半径与弹丸速度之间的关系。

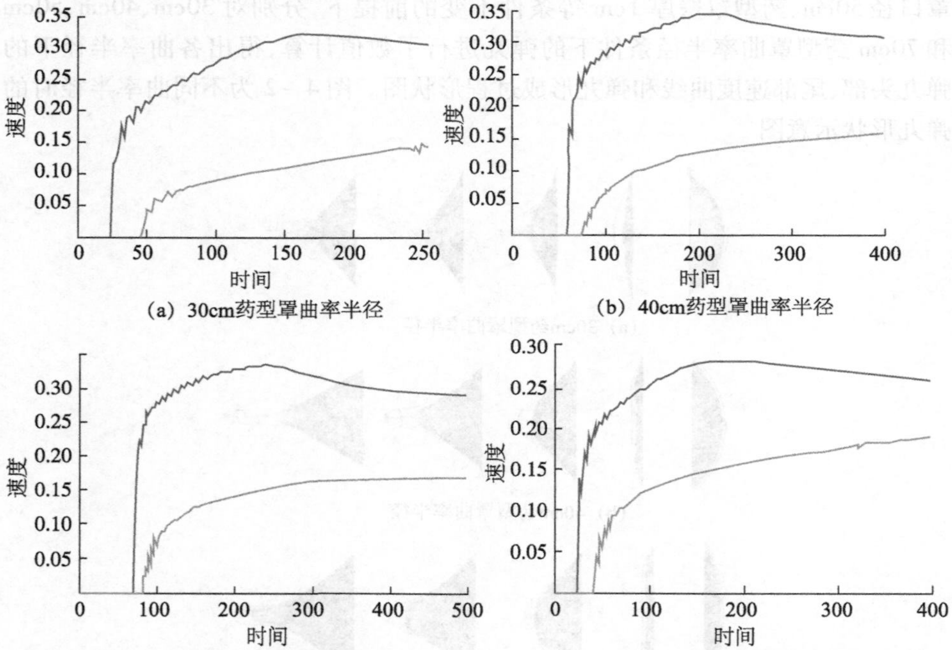

图4-3 各曲率半径药型罩结构下弹丸头部速度和尾部速度的时程曲线图

表4-1 药型罩曲率半径与弹丸速度之间的关系

药型罩曲率半径/cm	30	40	50	70
药型罩头部最大速度/(cm/s)	3310	3521	3379	2876

从速度计算结果可知,药型罩曲率半径越小,弹丸头部获得的最大速度越大,但是弹丸尾部获得的速度差别不明显,导致弹丸形状的差别,即药型罩曲率半径小,由于轴向速度的差别大,将弹丸拉长,因此弹丸形状就细长;药型罩曲率

半径大，由于轴向速度的差别小，弹丸被拉长的幅度小，因此弹丸形状就短粗。

（三）结构形状

不同药型罩形状对爆炸毁伤效果差别很大。最初，药型罩主要用于产生金属射流，包括圆锥形罩、喇叭形罩以及半球形罩等。半球形罩形成的射流速度小，长度也小，但射流直径大。虽然其破甲深度小，但孔径大，形成射流稳定性好，多用于大直径聚能装药。喇叭形罩形成的射流速度大，长度也大，但射流不稳定，且加工困难，尚少使用。圆锥形罩形成的射流速度、长度、稳定性介于前述两种罩形之间，易于加工[88]。

药型罩逐渐地由最初的小角度锥形罩及其变种发展到大锥角罩及其变种（如球缺罩）。国内外对球缺形药型罩形状展开了广泛的研究。例如，英国亨廷有限公司研究了一种爆炸成形弹，其中有两个口部朝向完全相反的球缺形药型罩；德国应用研究公司研究了串联重金属双球缺药型罩；法国军械部研究了一种带有变壁厚紧贴双球缺形药型罩的战斗部[77]。另外，国内外还展开了对双层罩或多层罩的研究[5]。

除此之外，药型罩还可进行不同形式的组合，如柱锥结合罩、圆锥与球缺组合式药型罩、裂锥形与喇叭形组合式药型罩等。

药型罩形状应考虑与装药结构相匹配。

（四）加工质量

由于药型罩的壁厚差易使射流扭曲，影响破甲效果，因此在加工时应严格控制壁厚差一般要求不大于毫米，特别是靠近锥顶的壁厚差，对破甲深度影响比底部大得多，所以更应严格控制[84]。

三、隔板

目前，国内外通常采取在聚能装药战斗部中加装隔板的形式来对爆轰波进行调整，即在聚能战斗部药型罩上方的适当位置放置一块非爆炸性材料，当隔板形状、尺寸及强度合理时，可大大提高聚能装药的侵彻能力。

隔板材料一般采用塑料，易于机械加工，爆速低，隔爆性能好。形状必须是圆对称的。隔板必须保证一定厚度，能使凸形球面波阵面变为凹形球面波阵面，也不宜太厚，否则占用装药体积。

隔板直径随药型罩底直径及锥角的增大而增大，可由下式来确定：

$$D_g = K_\alpha \cdot D_z \tag{4-4}$$

式中：D_g 为隔板直径（mm）；D_z 为药型罩底部直径（mm）；K_α 为与药型罩锥角有关的系数，60°锥角时其值为0.64。

隔板到药型罩顶部的距离不能太高也不能太低，可由通过下式来确定：

$$h_c \geqslant (R_c - r_c)\tan\alpha$$

式中，h_c 为隔板大端面至罩顶的距离（mm）；R_c 为隔板大端面半径（mm）；r_c 为药型罩顶的小半径（mm）；α 为药型罩顶角之半（°）。

另外，还可以利用爆炸逻辑网络、平面波发生器对聚能装药爆轰波形进行调整，以期达到提高破甲威力的目的[16]。采用 VESF（波形调整器）装置，改变其参数设计，以获得速度较大、直径较粗、能量密度高的射流，使聚能战斗部射流的形状和质量分布得到控制，能形成针对不同目标的射流，有利于提高装药的能量利用率、提高破甲威力和破甲稳定性。

四、炸高

炸高大小对破甲能力有很大影响，它太大太小都不好，而是有一个最佳值。炸高较小时，随着炸高的增加侵彻深度增加，达到一定值后侵彻深度反而下降，与最大侵彻深度相对应的炸高成为最佳炸高，它通常是一个区间，与顶角、爆速、临界速度、罩直径等有关。一般炸高都在药型罩直径的 1～3 倍之间，其侵彻能力最大。当锥角达到一定程度时，侵彻深度对炸高不敏感。

由于鱼雷尺寸限制，不可能留有较大尺度的空间作为炸高，这里拟采用自导头所占用空间来代替炸高，因此，尽管炸高对破坏效果有重要的影响，但本书中将不予重点研究。

五、壳体

为增强对目标的作用效果，聚能装药一般都带有金属外壳。当装药有外壳存在时，可以使临界直径减小，爆轰气体产物不易排出，压力容易增长。外壳的存在主要在于限制了爆轰产物的膨胀，促进了爆轰反应区中能量有效地利用，减小了侧向稀疏波的进入所造成的能量损失。这样，提高了有效装药量，使射流的能量增加，而且由于射流能量的增加，破坏相同目标所需的装药体积可以减少，达到降低成本的目的。

随着科技的进步，壳体材料由单一的钢壳、铁壳发展成合金钢、铝合金、玻璃纤维以及复合材料等。有关研究资料表明：壳体可以使聚能装药压垮速度和射流速度提高约 13% ～15%，射流速度的提高对增强装药爆炸作用的效果十分显著[89,90]；相同情况下，复合材料壳体装药爆炸产生的冲击波超压相对钢壳体装药较高[91]。因此，达到同样的作用效果带壳聚能装药的体积和药量可以有一定程度地减少。

鱼雷等水中兵器战斗部均带有壳体，且壳体材料的选择余地不大。因此，对壳体可不予重点考虑。

六、起爆方式

战斗部的起爆方式有多种形式，如单点起爆、多点起爆、线型起爆、环型起爆、面起爆等。不同的起爆方式将产生不同的爆轰波波形，不同的爆轰波波形将导致不同的药型罩内压力载荷分布，从而导致不同的药型罩压垮变形方式，最终导致形成的射流存在一定的差别。

爆轰波形的控制对于战斗部聚能破甲效果具有非常重要的影响，良好的爆轰波形有助于提高鱼雷战斗部对目标的侵彻威力和稳定性。通过对爆轰波形的调整和控制，可以使爆轰波阵面与药型罩外壁的夹角减小，以增加作用在药型罩上的爆轰压力，从而增加药型罩的压垮速度和压垮角，致使射流速度增加[16]。

因此，不同的起爆方式对爆炸毁伤效果有一定的影响。起爆方式是决定战斗部对目标毁伤效果的关键因素之一，必须选择合理的起爆方式以达成装药设计的目的。本书基于点起爆设计了战斗部缩比模型，因此在数值模拟过程中，同样采用点起爆的方式。但是，实际应用中，可考虑多点起爆或面起爆等其他方式。

第二节　影响因素的正交设计方法

为减少试验次数，节约试验经费，并且使战斗部各参数的不同取值进行合理搭配，可以通过正交设计实现聚能战斗部的结构优化设计。

一、因素与水平设计

通过对上述影响装药爆炸效果的因素分析，可重点考虑组合药型罩的 5 个参数，分别为锥形罩壁厚、锥形罩罩高、锥角、球缺罩曲率半径、球缺罩壁厚。结合聚能战斗部在轻型鱼雷上的应用，考虑到轻型鱼雷直径为 340mm，因此装药底部直径 D_k 恒定为 30cm，装药高度 H 恒定为 40cm。

根据公式 $\delta=(0.029-0.04)D_k$ 计算可知：对于圆锥罩，当高度取 6cm，锥角为 40°时，壁厚取值范围为 0.13 ~ 0.17cm；锥角为 70°时，壁厚取值范围为 0.24 ~ 0.34cm。当高度取 12cm，锥角为 40°时，壁厚取值范围为 0.25 ~ 0.35cm；锥角为 70°时，壁厚取值范围为 0.49 ~ 0.67cm。因此，设计方案中圆锥罩壁厚分别选取 0.2cm、0.3cm、0.4cm、0.5cm 4 个不同水平。

对于球缺罩，其圆心角分别取 90°、120°、150°和 180°，对应的曲率半径分别为 21.2cm、17.3cm、15.5cm 和 15cm；根据前述研究结论，球缺罩壁厚分别选取 0.4cm、0.6cm、0.8cm、1.0cm 4 个不同水平。

对上述 5 个因素各取 4 个不同水平，具体参数选取如表 4－2 所列。

表 4-2　因素与水平表

水平	因素				
	锥型罩壁厚 δ_1/cm	锥型罩罩高 h_1/cm	锥角 2α/°	球缺罩曲率半径 h_2/cm	球缺罩壁厚 δ_2/cm
1	0.20	6	40	21.2	0.40
2	0.30	8	50	17.3	0.60
3	0.40	10	60	15.5	0.80
4	0.50	12	70	15.0	1.00

二、表头设计

对于4水平5因素的试验可选用 $L_{16}(4^5)$ 正交表来进行设计，将5个因数分别安排在 $L_{16}(4^5)$ 的5列中，然后根据正交表安排的16种方案进行计算，具体参数设计如表4-3所列。

表 4-3　表头设计方案

方案	δ_1/cm	h_1/cm	2α/(°)	r_2/cm	δ_2/cm
1	0.20	6	40	21.2	0.40
2	0.20	8	50	17.3	0.60
3	0.20	10	60	15.5	0.80
4	0.20	12	70	15.0	1.00
5	0.30	6	50	15.3	1.00
6	0.30	8	40	15.0	0.80
7	0.30	10	70	21.2	0.60
8	0.30	12	60	17.3	0.40
9	0.40	6	60	15.0	0.60
10	0.40	8	70	15.5	0.40
11	0.40	10	40	17.3	1.00
12	0.40	12	50	21.2	0.80
13	0.50	6	70	17.3	0.80

（续）

方 案	δ_1/cm	h_1/cm	2α/(°)	r_2/cm	δ_2/cm
14	0.50	8	60	21.2	1.00
15	0.50	10	50	15.0	0.40
16	0.50	12	40	15.5	0.60

根据16种方案设计的圆锥、球缺组合型药型罩的正视图及侧视图分别如图4－4、图4－5所示。

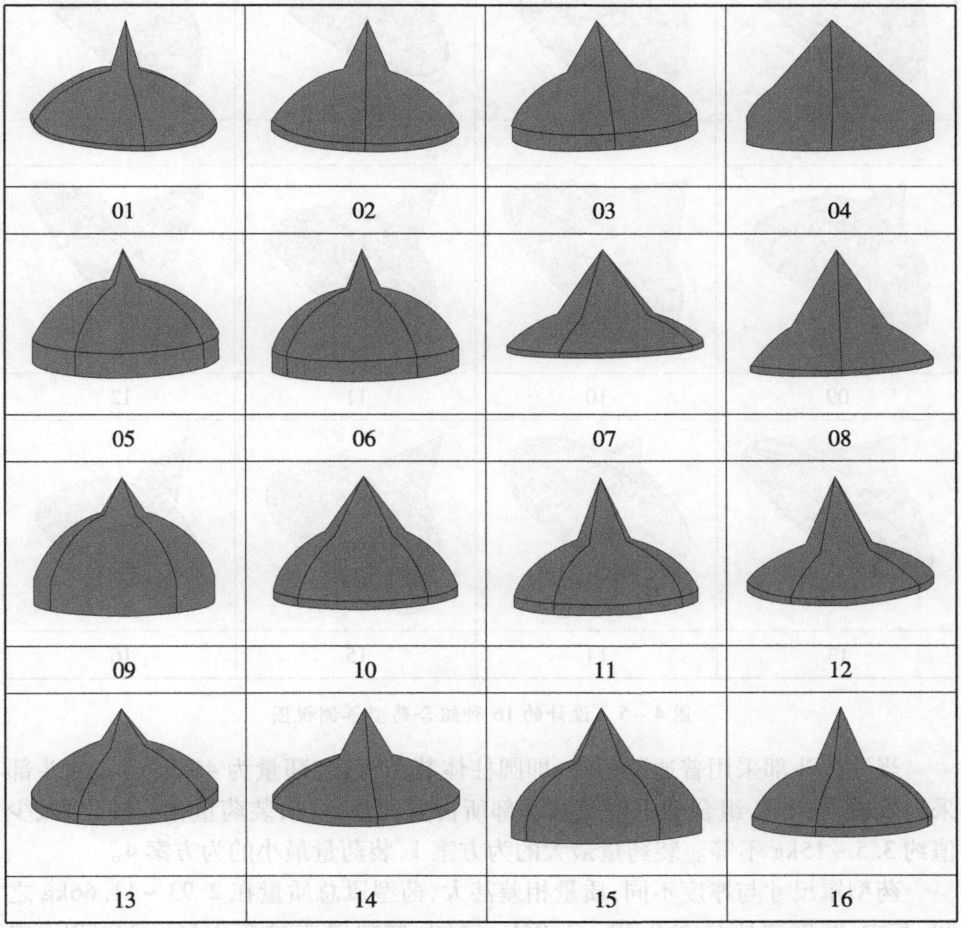

图4－4　设计的16种组合药型罩正视图

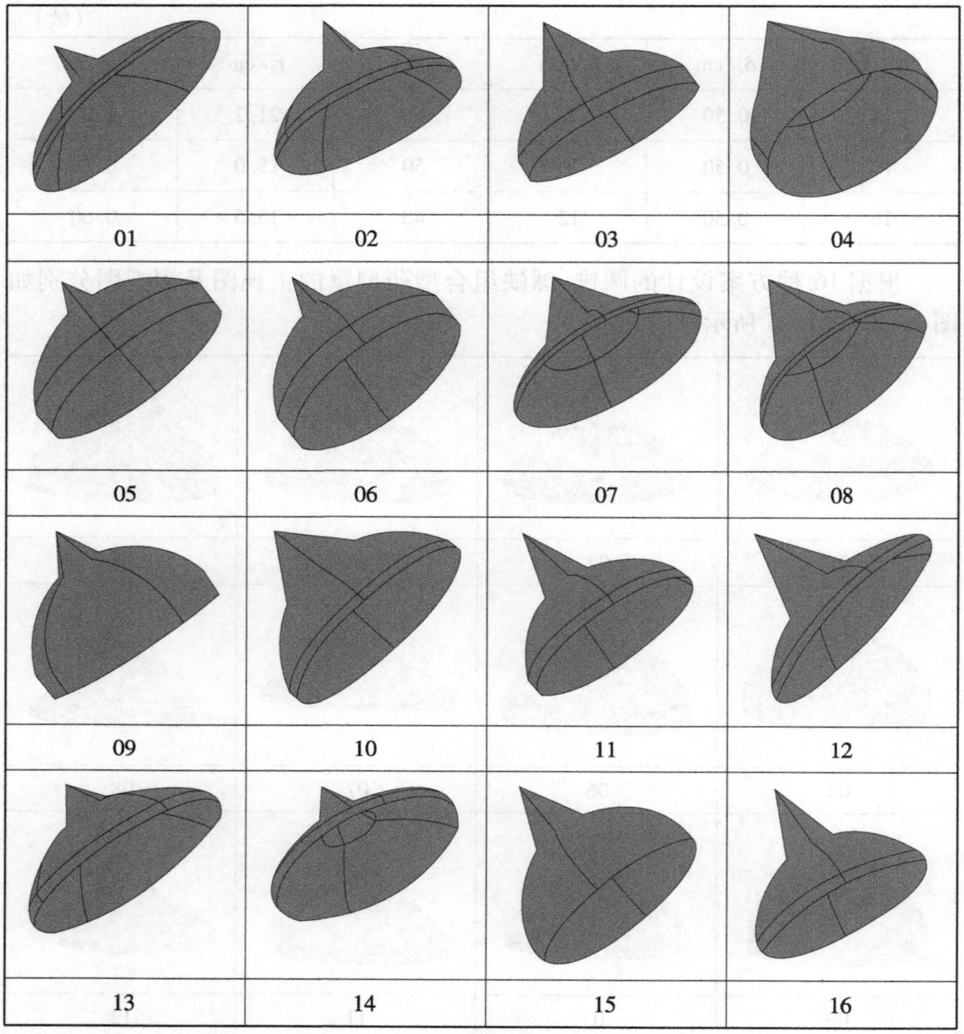

图 4-5　设计的 16 种组合药型罩侧视图

当该战斗部采用普通装药时，即圆柱体装药，其装药量为 46kg；当该战斗部采用聚能装药时，组合药型罩及其底部所占空间为空气，装药量相应减少，减少值约 3.5～15kg 不等。装药量最大的为方案 1，装药量最小的为方案 4。

药型罩尺寸与厚度不同，质量相差甚大，药型罩总质量在 2.93～11.66kg 之间；其中，圆锥罩质量在 0.12～1.04kg 之间，球缺罩质量在 2.56～11.52kg 之间。战斗部装药及药型罩质量等具体参数如表 4-4 所列。

表4-4 战斗部参数列表

方案	聚能战斗部参数					
	战斗部装药量/kg	药型罩总质量/kg	圆锥罩质量/kg	球缺罩质量/kg	球缺、圆锥质量比	球缺、圆锥高度比
1	41.64	2.93	0.12	2.81	23.4	1.03
2	39.45	5.06	0.16	4.90	30.6	1.08
3	35.73	9.95	0.30	9.65	32.2	1.15
4	31.07	8.28	1.00	7.28	7.28	1.25
5	35.97	11.66	0.14	11.52	82.3	1.92
6	32.95	8.04	0.20	7.84	39.2	1.88
7	40.60	4.27	0.76	3.51	4.62	0.62
8	38.85	3.60	1.04	2.56	2.46	0.72
9	33.26	6.35	0.31	6.04	19.8	2.50
10	36.92	4.20	0.88	3.32	3.77	1.44
11	38.87	8.01	0.20	7.81	39.1	0.87
12	40.68	5.97	0.89	5.08	5.71	0.52
13	39.43	6.64	0.44	6.20	14.1	1.44
14	40.77	7.25	0.59	6.66	11.3	0.78
15	33.39	4.86	0.75	4.11	5.48	1.50
16	36.75	6.14	0.76	5.38	7.08	0.96

第三节 影响毁伤效果的因素分析

一、数值仿真结果

采用大型有限元软件 ANSYS/LS-DYNA 对上述16种方案进行数值模拟计算,分别从前级射流参数、后级 EFP 弹丸参数以及组合破坏效果等方面进行对比分析。射流重点考虑最大速度及头部速度,弹丸重点考虑穿孔前后速度,组合破坏效果重点考虑破孔直径与位移大小。数值仿真结果分别如表4-5和图4-6所示。

表4-5　数值仿真结果

方案	前级射流参数		后级 EFP 参数		组合破坏效果		
	最大射流速度 /(m/s)	头部速度 /(m/s)	穿孔前速度 /(m/s)	穿孔后速度 /(m/s)	破孔直径 正面 /cm	破孔直径 背面 /cm	靶板位移 /cm
1	6017	5500	3512	1220	27.6	25.3	6.9
2	5996	4585	3184	163	20.2	18.7	7.1
3	10134	9399	4554	1720	62.0	61.0	21.2
4	4973	4684	2632	1007	17.1	12.5	5.4
5	6538	4738	2744	1086	20.1	16.6	4.9
6	7683	5845	3397	1263	24.1	18.6	6.8
7	7304	5894	3121	1224	23.9	16.7	5.9
8	7298	6128	2934	1287	22.8	21.6	8.9
9	6617	5524	2584	1286	16.1	4.80	4.9
10	7033	5873	3431	1314	19.9	19.2	8.2
11	6404	4880	2922	2148	21.9	15.6	6.4
12	7121	6077	2946	1618	22.5	18.5	6.2
13	8013	5198	3430	1730	25.0	19.1	5.7
14	7081	5414	2928	1013	25.2	20.0	6.5
15	5866	5024	3402	1189	31.5	12.7	4.8
16	7548	5584	3216	1476	20.9	17.5	6.4

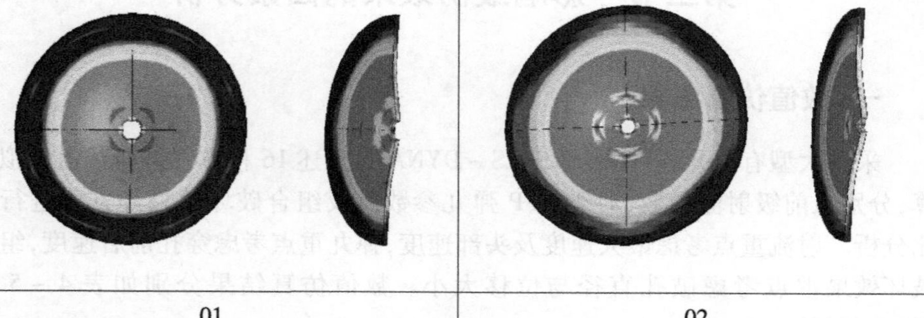

01　　02

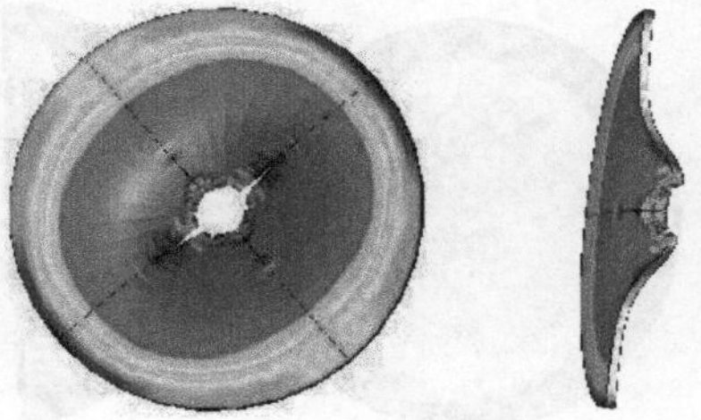

03

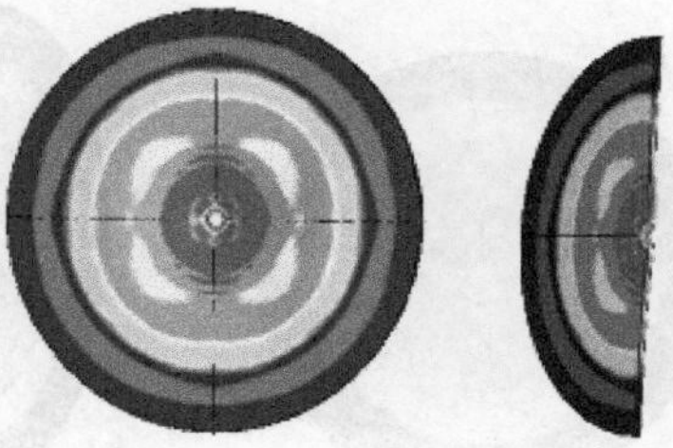

04

05

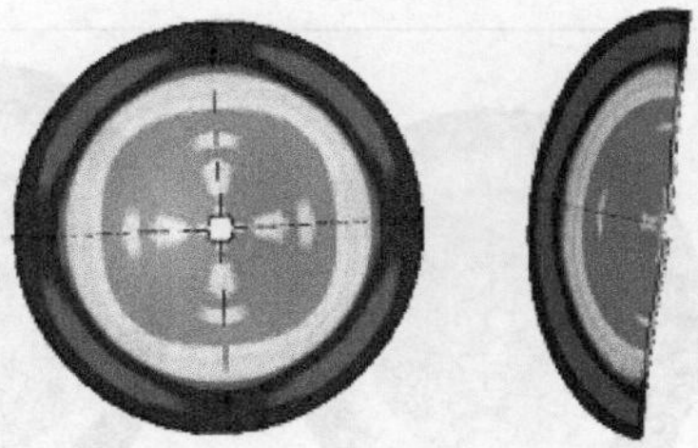

06

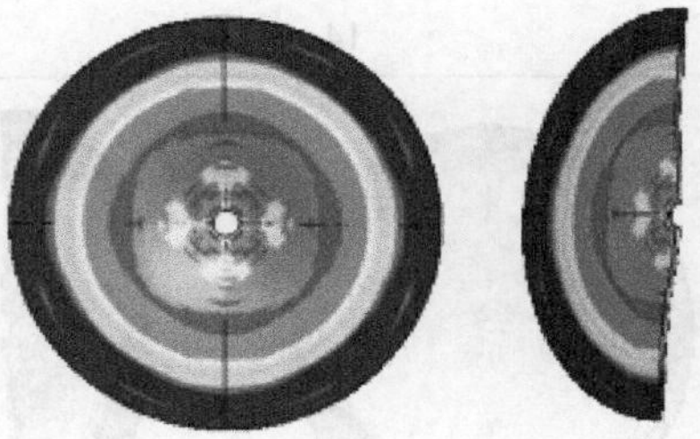

07

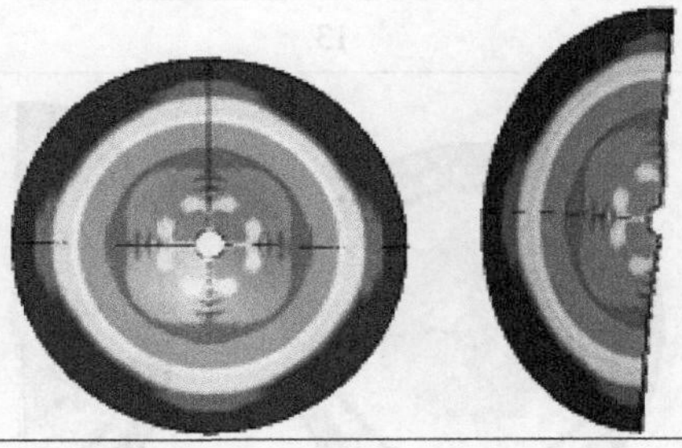

08

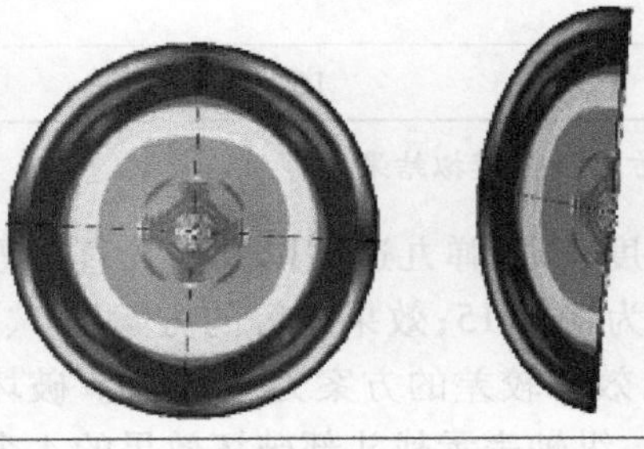

09

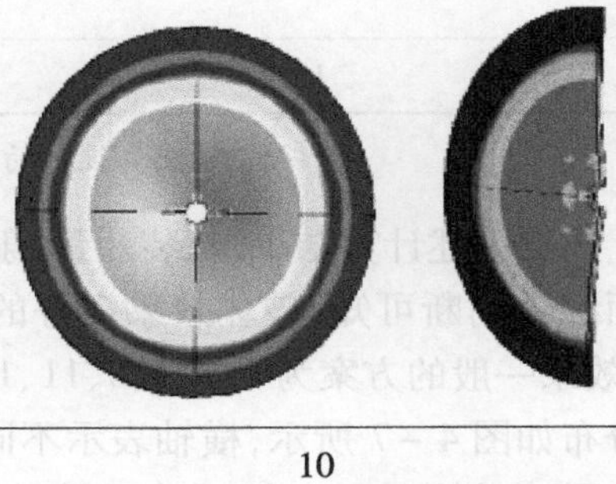

10

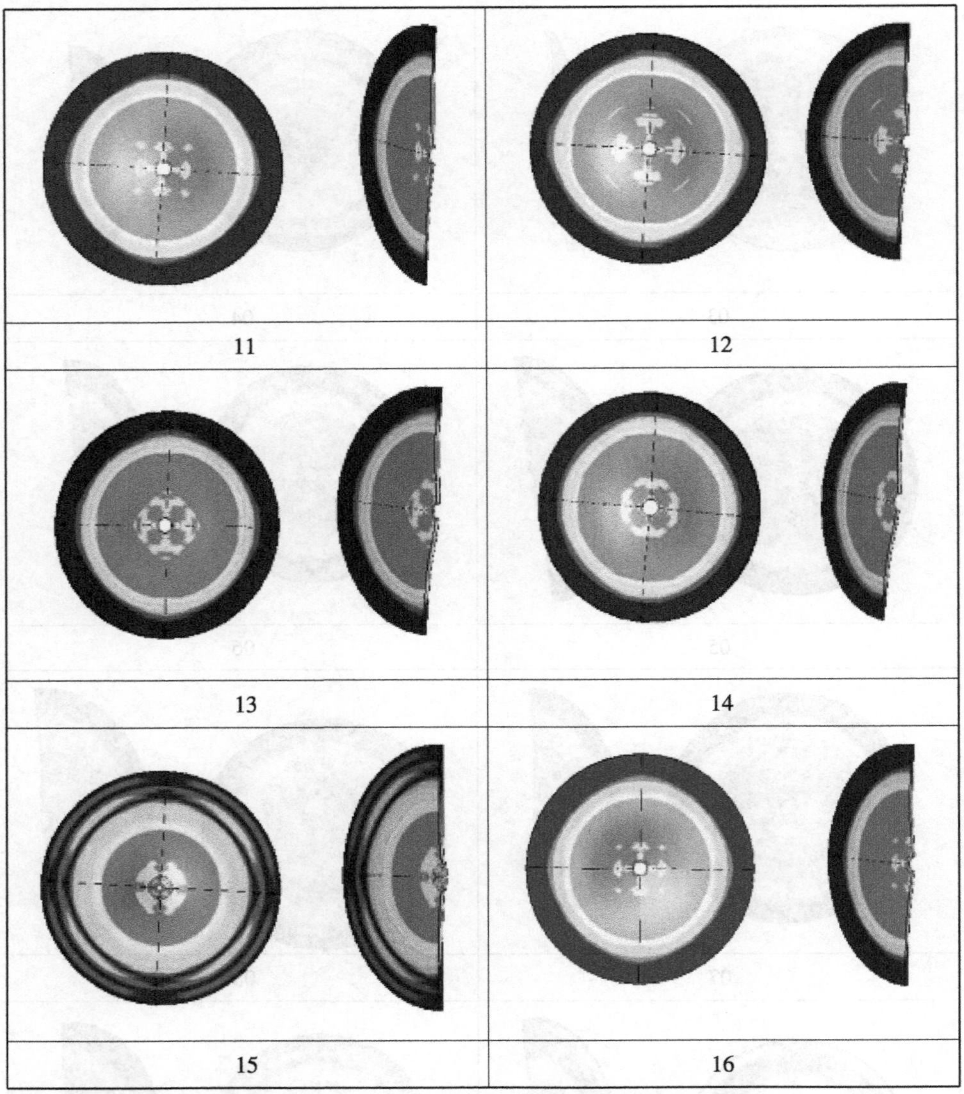

图 4-6　设计的 16 种方案数值模拟结果

根据上述计算结果,从装药量、射流速度、EFP 弹丸速度以及破孔直径等多方面综合判断可知:破坏效果良好的方案为 3、6、15;效果中等的方案为 1、13、14;效果一般的方案为 2、5、7、8、11、12、16;效果较差的方案为 4、9、10。破坏效果分布如图 4-7 所示,横轴表示不同方案,纵轴表示战斗部破坏效果的 4 个不同水平,8 表示效果良好,6 表示效果中等,4 表示效果一般,2 表示效果较差。其中，方案3的各项参数均最优，射流头部速度超过10000m/s；EFP头部速度超过4000m/s，剩余速度约2000m/s；破孔直径超过60cm，相当于2倍的装药直径，位移超过20cm。而其他方案射流头部速度从3000~6000m/s不等；EFP头部速度在3000m/s左右，剩余速度约1000m/s；破孔直径从15~30cm不等，相当于0.5~1倍的装药直径，位移为3~9cm。

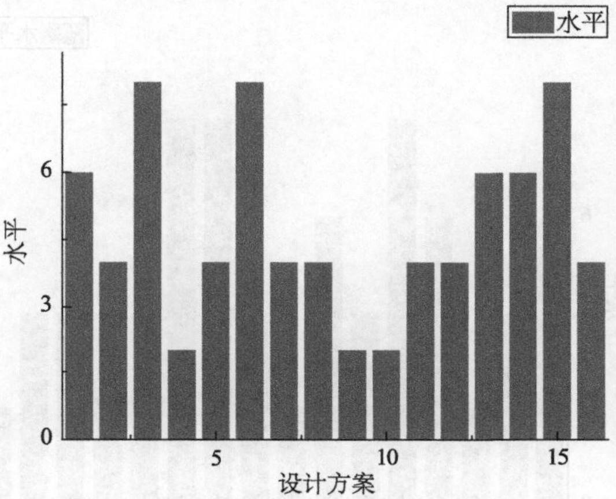

图4-7 设计方案破坏效果示意图

根据理论分析，药型罩壁厚δ一般可取其口部内径的1%~6%，因此厚度的选择在0.3~1.8cm之间。在设计铜质圆锥药型罩时，其壁厚可取0.6~0.9cm。对于圆锥形罩而言，其壁厚不能太厚也不能太薄；对于球缺型罩而言，应保证形成的EFP弹丸具有一定的质量。对射流而言，药型罩锥角在60°~70°时，具有最佳的射流效果。方案3中，其圆锥角为60°，球缺罩壁厚为0.8cm，数值模拟结果与理论分析相一致。

二、影响因素分析

下面，分别从影响射流破坏效果的因素、影响弹丸破坏效果的因素以及影响组合破坏效果的交互作用三个方面予以分析。

(一)影响射流破坏效果的因素分析

圆锥罩的尺寸关系到金属射流破坏效果的好坏。因此，通过研究寻找圆锥罩罩高、壁厚、锥角等因素之间的关系，从而进行合理地锥形罩设计，将能大幅提高高效聚能战斗部的破坏效果。

图4-8是圆锥罩罩高与锥角变化对破坏效果的分布水平图。纵轴表示战斗部破坏效果的4个不同水平，8表示效果良好，6表示效果中等，4表示效果一

般,2 表示效果较差;横轴表示圆锥罩锥角的变化情况。1 ~4 表示罩高为6cm 的时的破坏效果,5 ~8 表示罩高为 8cm 时的破坏效果,9 ~12 表示罩高为 10cm 时的破坏效果,13 ~16 表示罩高为 12cm 时的破坏效果;1、5、9、13 对应锥角为 40°,2、6、10、14 对应锥角为 50°,3、7、11、15 对应锥角为 60°,4、8、12、16 对应锥角为 70°。

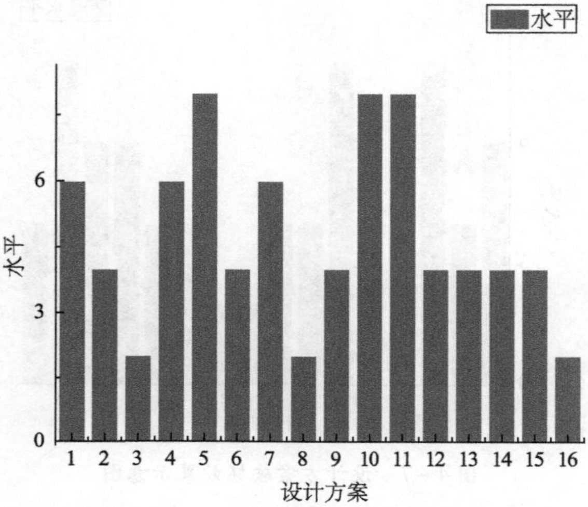

图 4 -8　圆锥罩罩高与锥角变化对破坏效果的分布水平图

从图中可知:上述 16 种正交方案中,当圆锥罩罩高较大(大于或等于 10cm)时,如方案 7、8、11、12、16,破坏效果均一般;当圆锥罩锥角较大时(70°),如方案 8、12、16,破坏效果一般;当圆锥罩高度与锥角均较大时,如方案 4,破坏效果较差。

图 4 -9 是罩高与壁厚变化对破坏效果的分布水平图。纵轴表示战斗部破坏效果的 4 个不同水平,8 表示效果良好,6 表示效果中等,4 表示效果一般,2 表示效果较差;横轴表示圆锥罩壁厚的变化情况。1 ~4 表示罩高为 6cm 的时的破坏效果,5 ~8 表示罩高为 8cm 时的破坏效果,9 ~12 表示罩高为 10cm 时的破坏效果,13 ~16 表示罩高为 12cm 时的破坏效果;1、5、9、13 对应厚度为 0. 2cm,2、6、10、14 对应厚度为 0. 3cm,3、7、11、15 对应厚度为 0. 4cm,4、8、12、16 对应厚度为 0. 5cm。

从图中可知:不同圆锥罩壁厚时,罩高较大(等于 12cm)的情况下破坏效果一般,甚至较差。壁厚变化对破坏效果影响在此呈现出不确定性,各种不同壁厚均可能呈现较好的破坏水平。其中,壁厚为 0. 5cm 时,总体破坏效果较好。

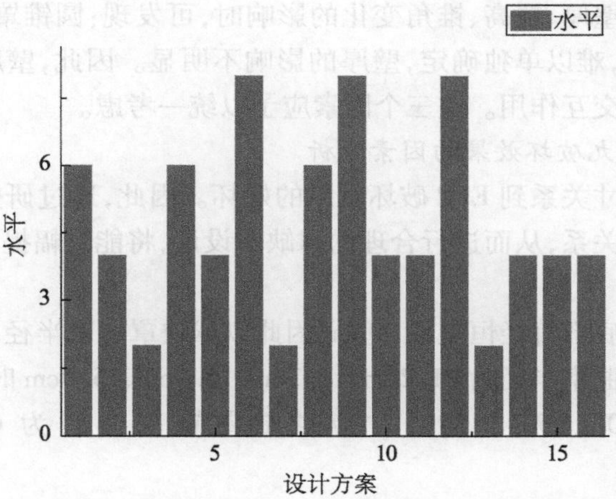

图 4-9　圆锥罩罩高与壁厚变化对破坏效果的分布水平图

图 4-10 是锥角与壁厚变化对破坏效果的分布水平图。纵轴表示战斗部破坏效果的 4 个不同水平，8 表示效果良好，6 表示效果中等，4 表示效果一般，2 表示效果较差；横轴表示圆锥罩角度的变化情况。1 ~ 4 表示锥角为 40°时的破坏效果，5 ~ 8表示锥角为 50°时的破坏效果，9 ~ 12 表示锥角为 60°时的破坏效果，13 ~ 16 表示锥角为 70°时的破坏效果；1、5、9、13 对应厚度为 0.2cm，2、6、10、14 对应厚度为 0.3cm，3、7、11、15 对应厚度为 0.4cm，4、8、12、16 对应厚度为 0.5cm。

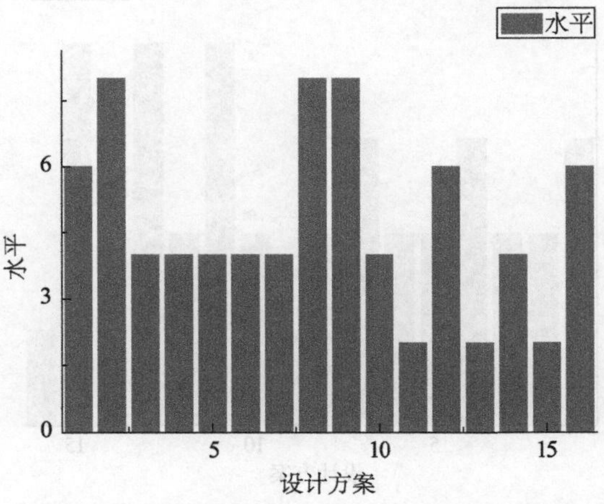

图 4-10　圆锥罩锥角与壁厚变化对破坏效果的分布水平图

从图中可知：不同圆锥罩壁厚时，在圆锥罩锥角为 30° ~ 60°的情况下，总体破坏效果较好；当圆锥罩锥角大于 60°时，破坏效果变差。

当全面考虑壁厚、罩高、锥角变化的影响时，可发现：圆锥罩壁厚变化时，破坏效果有好有坏，难以单独确定，壁厚的影响不明显。因此，壁厚的变化可能受到高度及锥角的交互作用。这三个因素应予以统一考虑。

（二）影响弹丸破坏效果的因素分析

球缺罩的尺寸关系到 EFP 破坏效果的好坏。因此，通过研究寻找球缺罩罩高与壁厚之间的关系，从而进行合理的球缺罩设计，将能大幅提高高效聚能战斗部的破坏效果。

由于装药的底部直径恒定取 30cm，因此以球缺罩曲率半径决定了其罩高的大小。当球缺罩曲率半径为 21. 2cm、17. 3cm、15. 5cm、15. 0cm 时，对应的圆心角分别为 90°、120°、150°、180°，对应球缺罩罩高分别为 6. 2cm、8. 66cm、11. 5cm、15. 0cm。

图 4 – 11 是曲率半径与壁厚变化对破坏效果的分布水平图。纵轴表示战斗部破坏效果的 4 个不同水平，8 表示效果良好，6 表示效果中等，4 表示效果一般，2 表示效果较差；横轴表示圆锥罩壁厚的变化情况。1 ~ 4 表示曲率半径为 21. 2cm 的时的破坏效果，5 ~ 8 表示曲率半径为 17. 3cm 时的破坏效果，9 ~ 12 表示曲率半径为 15. 5cm 时的破坏效果，13 ~ 16 表示曲率半径为 15. 0cm 时的破坏效果；1、5、9、13 对应厚度为 0. 4cm，2、6、10、14 对应厚度为 0. 6cm，3、7、11、15 对应厚度为 0. 8cm，4、8、12、16 对应厚度为 1. 0cm。

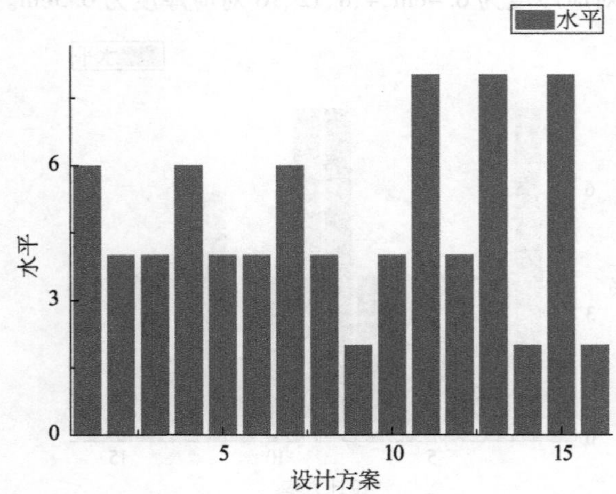

图 4 – 11　球缺罩曲率半径与壁厚变化对破坏效果的分布水平图

从图中可知：当曲率半径小于 17. 3cm，即圆心角小于 120°（罩高小于 8. 66cm）时，如方案 2、7、8、11、12 破坏效果一般。

当球缺罩曲率半径固定，随着壁厚的增加，破坏效果逐渐增强。但是，当壁厚增大到一定程度时破坏效果将有所变差。

当球缺罩壁厚固定，破坏尺寸受曲率半径的影响呈现不同效果。当球缺罩厚度大于或等于0.8cm时，如方案3、6以及13、14，破坏效果良好或者较好。方案中球缺罩厚度取0.8cm时，普遍效果较好。

当球缺罩曲率半径较小且壁厚较大时，如方案4，破坏效果较差。当球缺罩曲率半径较小且壁厚较小时，方案9、10的破坏效果较差，但是方案15破坏效果却较好。说明前级射流对穿甲效果有相当大的影响。两种罩型的组合起到了相互作用的效果。

球缺罩曲率半径与厚度决定了所形成的EFP质量的大小。弹丸质量与速度将对破孔尺寸产生决定性的影响。

图4－12是弹丸质量变化对穿孔直径的影响效果分布图。当球缺药型罩质量在3～8kg范围内时，穿孔直径无明显区别；当质量达到约10kg时，达到最佳破坏效果；当继续增大其质量到12kg时，穿甲效果反而下降。

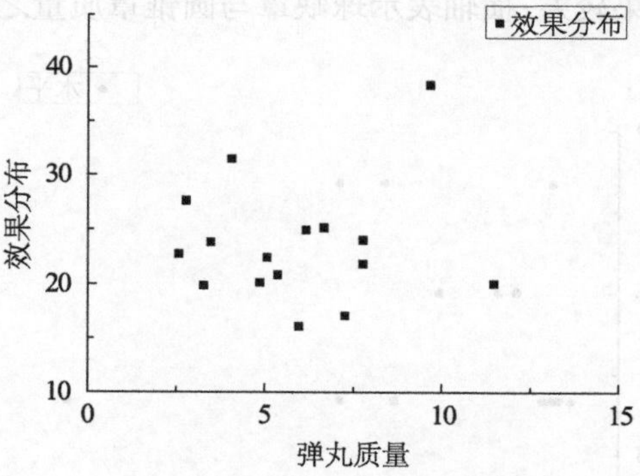

图4－12　弹丸质量变化对穿孔直径的影响效果分布图

（三）影响组合破坏效果的交互作用分析

前面分别单独分析了圆锥罩与球缺罩尺寸对破坏效果的影响，实际上却是两者共同作用的结果，所以必须考虑到球缺罩与圆锥罩的交互作用。

图4－13是球缺罩与圆锥罩罩高比值变化对破坏效果的分布水平图，纵轴表示战斗部破坏效果的4个不同水平，8表示效果良好，6表示效果中等，4表示效果一般，2表示效果较差；横轴表示球缺罩与圆锥罩罩高之间的比值。当两者的罩高之比小于1时，如方案7、8、11、12、16，破坏效果均一般；而当两者的罩高之比大于2时，如方案9，破坏效果较差。

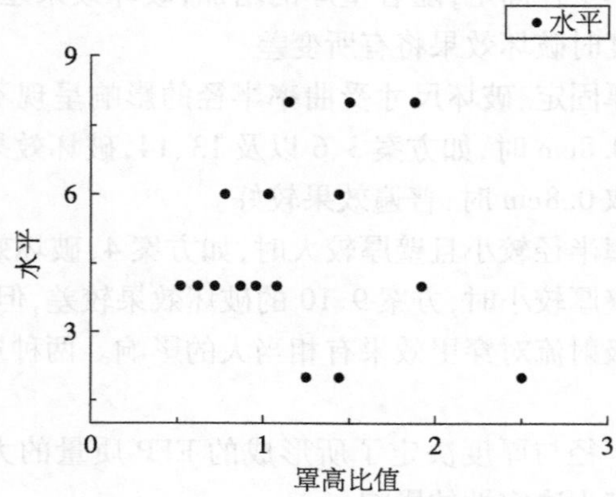

图 4-13　球缺罩与圆锥罩罩高比值变化对破坏效果的分布水平图

图 4-14 是球缺罩与圆锥罩质量比值变化对破坏效果的分布水平图,纵轴表示战斗部破坏效果的 4 个不同水平,8 表示效果良好,6 表示效果中等,4 表示效果一般,2 表示效果较差;横轴表示球缺罩与圆锥罩质量之间的比值。

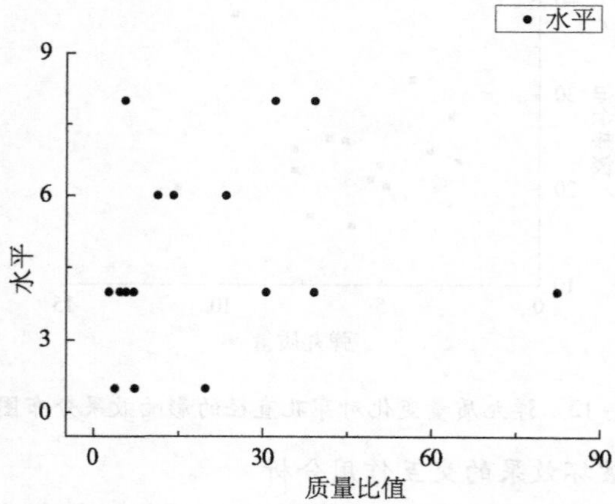

图 4-14　球缺罩与圆锥罩质量比值变化对破坏效果的分布水平图

从图中可知:当两者的质量之比大于 90 时,如方案 5,破坏效果均一般;而当两者的质量之比小于 5 时,如方案 7、8、10,破坏效果一般或者较差;当两者的质量之比在 5~40 之间时,破坏效果普遍较好。因此,两者质量之比在某个区间时,破坏效果较好。但是,质量比值还受到其他因素的干扰。

综上分析,可以得出如下结论:

(1) 圆锥罩的罩高取值不能太高，也不能太低，最佳高度取值为 8 ~ 10cm；角度不宜太大(应小于 70°)，可选取为 60°；壁厚的影响效果不明显，可在 0.2 ~ 0.5cm 之间选取。

(2) 球缺罩圆心角应大于 150°，曲率半径需小于 15.5cm，既能节省药量，而且破坏效果良好；球缺罩壁厚不能太大，应小于 1cm，最佳厚度为 0.8cm。

(3) 弹丸质量 3 ~ 8kg 范围内时，穿孔直径无明显区别；弹丸质量接近 10kg 时，达到最佳破坏效果；当继续增大弹丸质量时，穿甲效果将下降。

(4) 球缺罩与圆锥罩的罩高之比应选取在 1 ~ 2 范围之间。

第五章　高效聚能战斗部毁伤效应

第一节　组合药型罩特性研究

采用优化设计后得到的组合药型罩尺寸对不同类型靶板进行数值仿真，并对比该组合药型罩与单一的圆锥罩或球缺罩在相同情况下对靶板的毁伤效果，可以发现组合罩对靶板的侵彻过程与侵彻机理发生了一定程度的变化，该药型罩相对单一药型罩具有较大的特性优势。

一、对单层靶板毁伤效果研究

为比较组合药型罩与单一药型罩的不同穿甲效果，在装药尺寸（装药高度为40cm，底部直径为30cm）相同的情形下分别采用圆锥罩、球缺罩、组合罩三种药型罩（分别如图5－1中（a）、（b）、（c）所示）对12cm厚单层靶板进行数值模拟计算，其结果分别如图5－1所示。

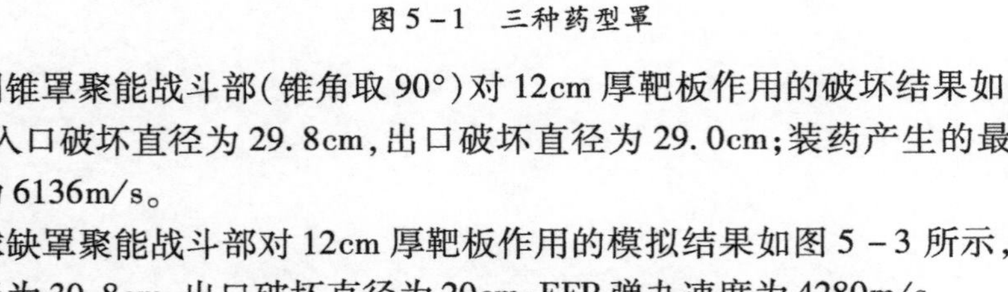

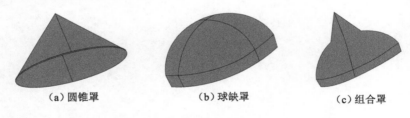

（a）圆锥罩　　（b）球缺罩　　（c）组合罩

图5－1　三种药型罩

圆锥罩聚能战斗部（锥角取90°）对12cm厚靶板作用的破坏结果如图5－2所示，入口破坏直径为29.8cm，出口破坏直径为29.0cm；装药产生的最大射流速度为6136m/s。

球缺罩聚能战斗部对12cm厚靶板作用的模拟结果如图5－3所示，入口破坏直径为30.8cm，出口破坏直径为20cm；EFP弹丸速度为4280m/s。

通常，射流对目标破坏的穿孔直径较小而侵彻深度较大。但是这里，圆锥罩和球缺罩的破坏尺寸较为接近，主要是因为圆锥罩锥角较大，形成的射流较为分散。另外，金属射流破坏目标时对炸高要求比较严格。

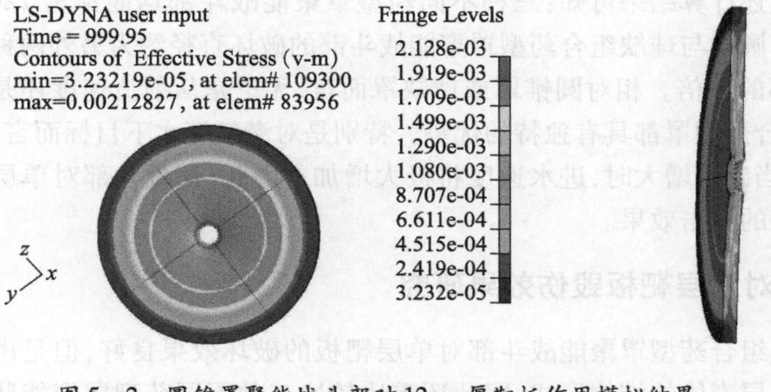

图 5－2　圆锥罩聚能战斗部对 12cm 厚靶板作用模拟结果

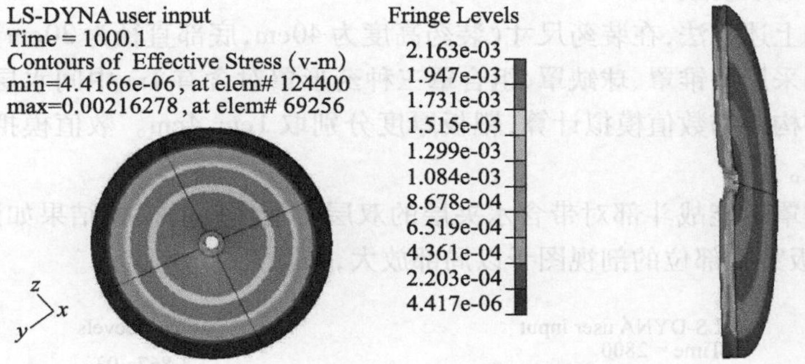

图 5－3　球缺罩聚能战斗部对 12cm 厚靶板作用模拟结果

组合药型罩聚能战斗部对 12cm 厚靶板作用的模拟结果如图 5－4 所示，入口破坏直径为 62cm，出口破坏直径为 61cm，射流最大速度接近 10000m/s。

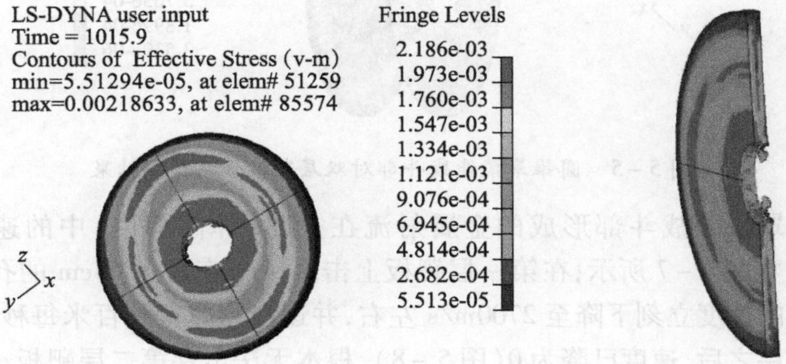

图 5－4　组合药型罩聚能战斗部对 12cm 厚靶板作用模拟结果

从上述计算结果可知：三种不同药型罩聚能战斗部均能穿透12cm厚的靶板，但是，圆锥与球缺组合药型罩聚能战斗部的破坏直径约为另外两种药型罩聚能战斗部的2倍。相对圆锥罩或球缺罩而言，无论是从射流速度还是穿甲效果来说，组合药型罩都具有独特的优势。特别是对潜艇等水下目标而言，随着水深的增加，当破口增大时，进水速度将极大增加。因此，该战斗部对单层靶板结构具有良好的打击效果。

二、对双层靶板毁伤效果研究

虽然组合药型罩聚能战斗部对单层靶板的破坏效果良好，但是由于部分潜艇采用双层壳体的结构形式，因此还需比较这三种不同药型罩聚能装药对双层靶板结构的毁伤效果。

依据上述方法，在装药尺寸（装药高度为40cm，底部直径为30cm）相同的情形下分别采用圆锥罩、球缺罩、组合罩三种药形罩对含有1m中间水层的双层靶板进行结构毁伤数值模拟计算，靶板厚度分别取1cm、4cm。数值模拟结果详见下述分析。

圆锥罩聚能战斗部对带含水夹层的双层靶板作用的模拟结果如图5－5所示；对靶板穿孔部位的剖视图予以局部放大，如图5－6所示。

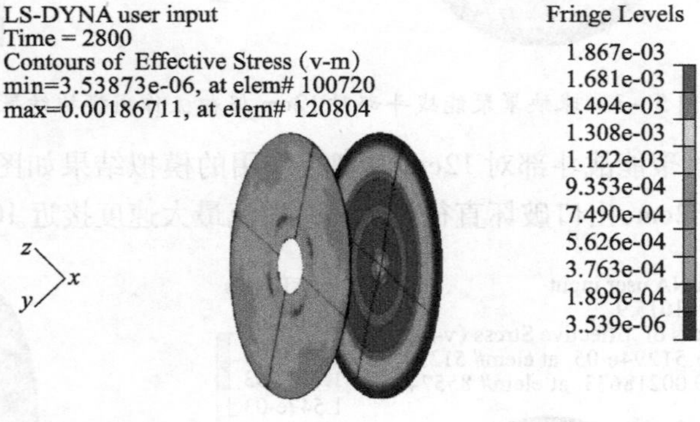

图5－5　圆锥罩聚能战斗部对双层靶板作用模拟结果

圆锥罩聚能战斗部形成的金属射流在空腔（炸高部位）中的速度，约为4000m/s，如图5－7所示；在第一层靶板上击穿一个直径为65cm的孔洞后，射流在水中的速度立刻下降至2700m/s左右，并逐渐衰减至几百米每秒，通过1m的中间水层之后，速度已降为0（图5－8），根本无法击穿第二层靶板。但是，由于强大的水中冲击波和二次压力波作用造成了靶板的严重变形。

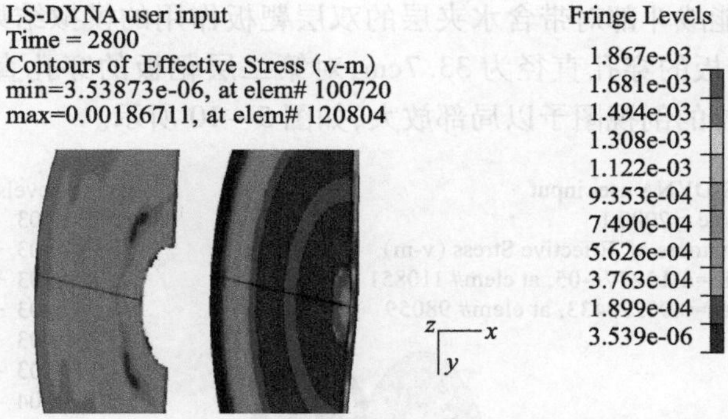

图 5-6 圆锥罩聚能战斗部对双层靶板作用局部放大图

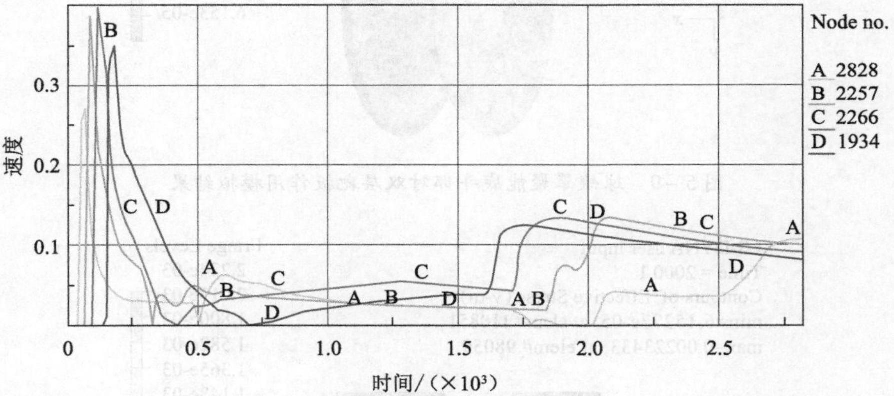

图 5-7 射流在空腔中的速度曲线图(单位:cm/μs)

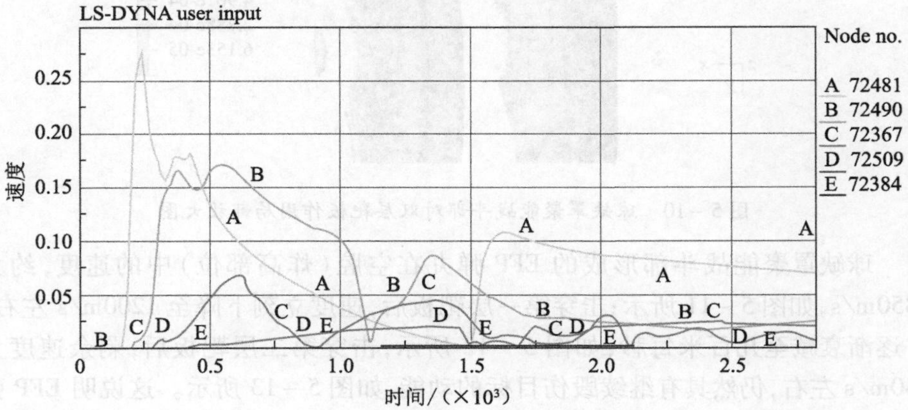

图 5-8 射流在水中的速度曲线图(单位:cm/μs)

球缺罩聚能战斗部对带含水夹层的双层靶板作用的模拟结果如图 5 - 9 所示，对第一层靶板的穿孔直径为 33.7cm，对第二层靶板的穿孔直径为 46.0cm；对靶板穿孔部位的剖视图予以局部放大，如图 5 - 10 所示。

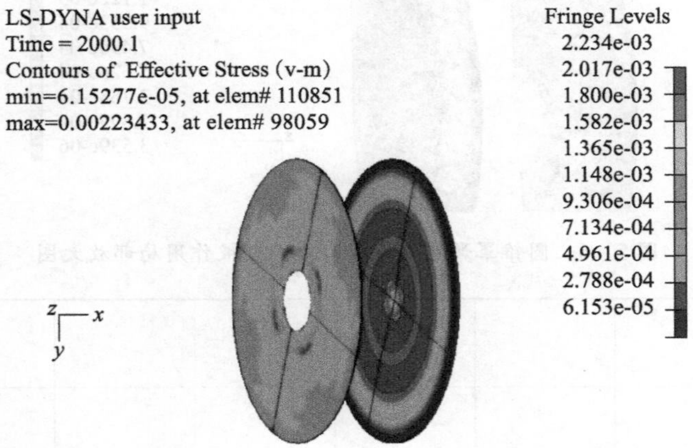

图 5 - 9　球缺罩聚能战斗部对双层靶板作用模拟结果

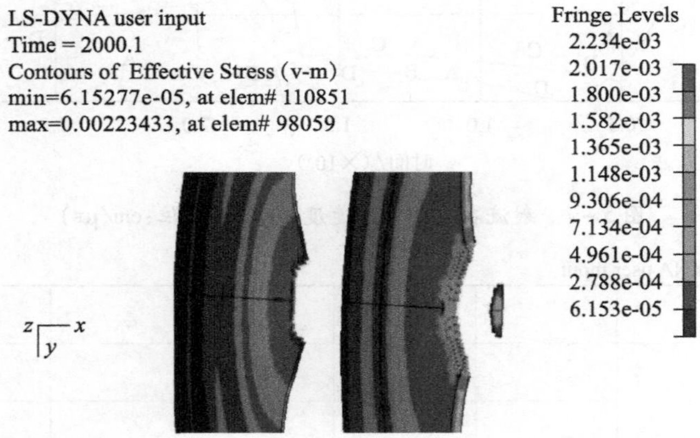

图 5 - 10　球缺罩聚能战斗部对双层靶板作用局部放大图

球缺罩聚能战斗部形成的 EFP 弹丸在空腔（炸高部位）中的速度，约为 2850m/s，如图 5 - 11 所示；击穿第一层靶板后，速度立刻下降至 1200m/s 左右，并逐渐衰减至几百米每秒，如图 5 - 12 所示；击穿第二层靶板后，剩余速度为 140m/s 左右，仍然具有继续毁伤目标的动能，如图 5 - 13 所示。这说明 EFP 弹丸对双层靶板的破坏效果明显好于聚能射流。

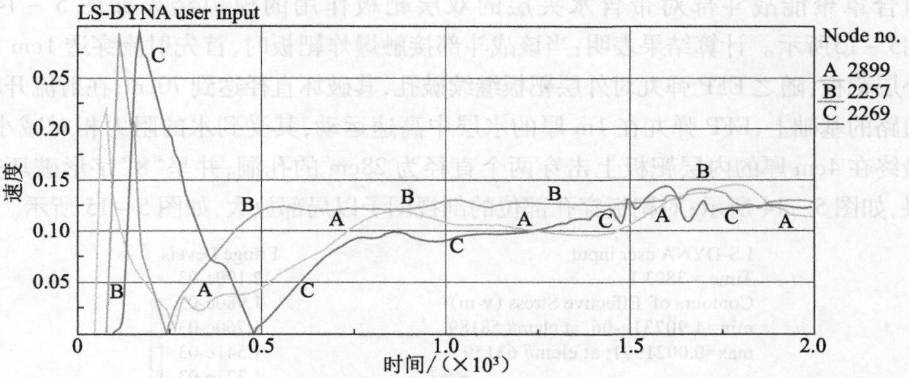

图 5－11　EFP 弹丸在空腔中的速度曲线图（单位：cm/μs）

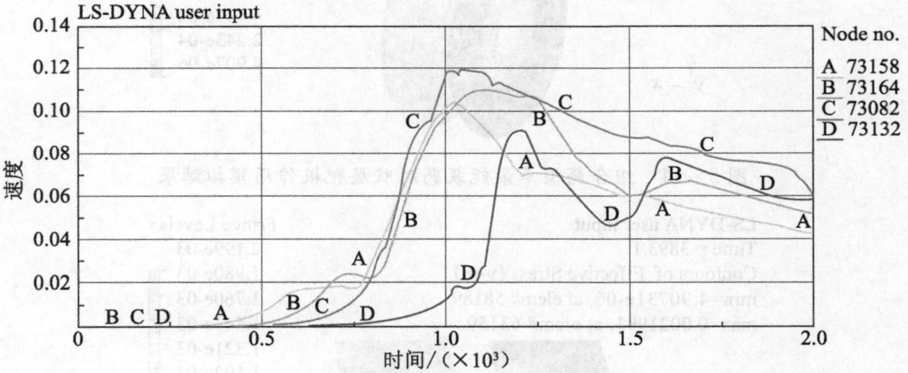

图 5－12　EFP 弹丸在水中的速度曲线图（单位：cm/μs）

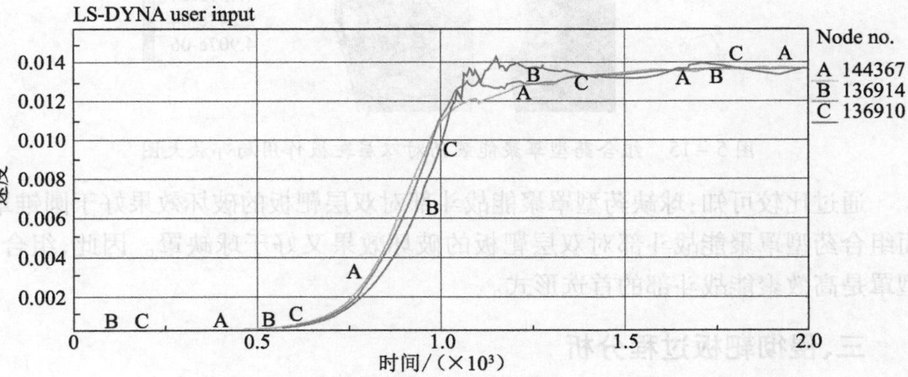

图 5－13　破片飞散速度曲线图（单位：cm/μs）

组合罩聚能战斗部对带含水夹层的双层靶板作用的模拟结果如图 5-14、图5-15所示。计算结果表明:当该战斗部接触爆炸靶板时,首先射流穿透 1cm 厚外层靶板,随之 EFP 弹丸对外层靶板继续破孔,其破坏直径达到 70cm;在射流开辟通路的基础上,EFP 弹丸在 1m 厚的水层中高速运动,其受到水的阻力相对减小,最终在 4cm 厚的内层靶板上击穿两个直径为 28cm 的孔洞,并呈"8"字形破坏效果,如图 5-14 所示;对靶板穿孔部位的剖视图予以局部放大,如图 5-15 所示。

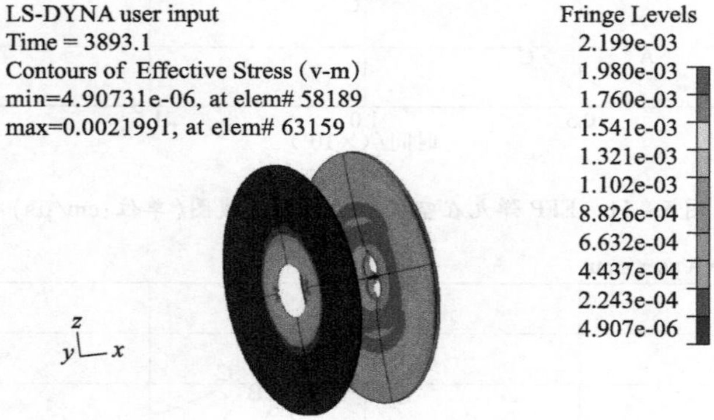

图 5-14　组合药型罩聚能装药对双层靶板作用模拟结果

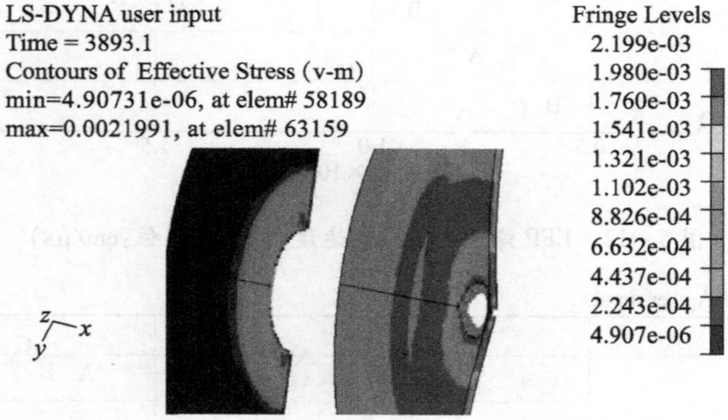

图 5-15　组合药型罩聚能装药对双层靶板作用局部放大图

通过比较可知:球缺药型罩聚能战斗部对双层靶板的破坏效果好于圆锥罩,而组合药型罩聚能战斗部对双层靶板的破坏效果又好于球缺罩。因此,组合药型罩是高效聚能战斗部的首选形式。

三、侵彻靶板过程分析

在相关资料[26,92-93]研究的基础上,该战斗部从装药水中爆炸到侵彻靶板,本书归纳为五个阶段:第一阶段为炸药爆轰,推动药型罩轴向运动,这时起作用的是炸药爆轰性能、爆轰波形、药型罩壁厚及形状等;第二阶段为药型罩各微元运动到轴线压合的过程,在这个过程中发生挤压、碰撞,顶部圆锥罩(或小球缺罩)形成高速射流,下部在压合作用下与球缺罩碰撞复合形成弹丸;第三阶段为射流与弹丸的自由运动,射流首先拉动低速弹丸快速成型和加速,并在拉动过程中与弹丸脱离,为弹丸开辟水中通道,提供运动空间;第四阶段为射流冲击靶板,使射孔周围材料发生热软化形成塑性区,在靶板中建立高温、高压、高应变率的三高区域,此后射流对三高状态的靶板进行穿孔;第五阶段为 EFP 弹丸穿孔破坏过程,低速弹丸经过加速,尾随射流而入,对射流所形成的射孔进行扩孔和再侵彻,从而完成了一个战斗部对靶板的两次侵彻,提高了战斗部对目标的侵彻能力。

两种组合药型罩聚能战斗部爆炸后的应力云图如图 5 - 16 所示。由于设计有密封炸高,装药爆炸后其聚能射流和 EFP 弹丸先在空气中运动一段距离,然后进入水中。图 5 - 16(a) ~ (d)所示为圆锥—球缺组合药型罩射流和 EFP 弹丸在空气中运动的情形,图 5 - 16(e) ~ (f)所示为圆锥—球缺组合药型罩射流和 EFP 弹丸在水中运动的情形;图 5 - 16(1) ~ (4)则是双球缺药型罩射流和 EFP 弹丸在水中运动的情形。从数值模拟结果来看,双球缺组合药型罩聚能战斗部相对圆锥、球缺组合药型罩聚能战斗部形成的射流更趋于稳定,毁伤效果更好。

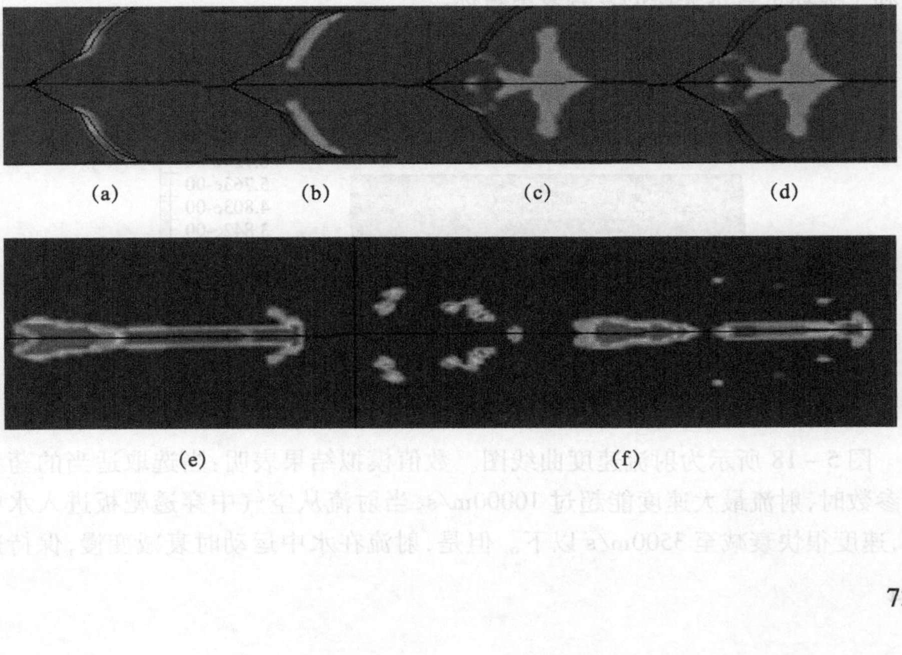

(a) (b) (c) (d)

(e) (f)

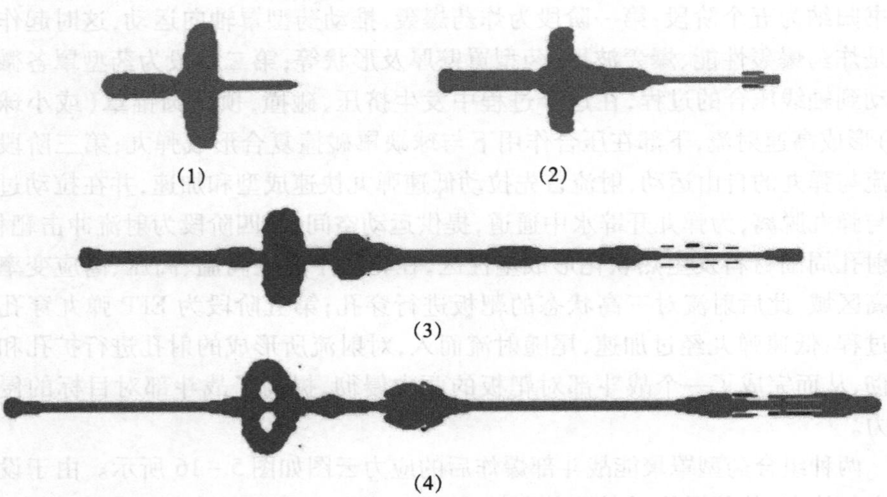

图 5-16　聚能战斗部爆炸后的应力云图

图 5-17 所示为 $t=200\mu s$ 时，射流与弹丸穿透靶板的应力分布示意图。通过分析数值模拟结果可知：起爆 $45\mu s$ 左右，圆锥罩开始形成的金属射流，高速冲击靶板，对其进行穿孔破坏；然后，球缺罩形成的翻转弹丸紧随其后，对靶板进行二次破坏。这种组合式的聚能罩形式兼具圆锥罩和球缺罩两种药型罩的特点，既能形成金属射流，又能产生翻转弹丸，使成型侵彻体质量增大、速度加快，非常有利于破坏带含水夹层的复合装甲目标。

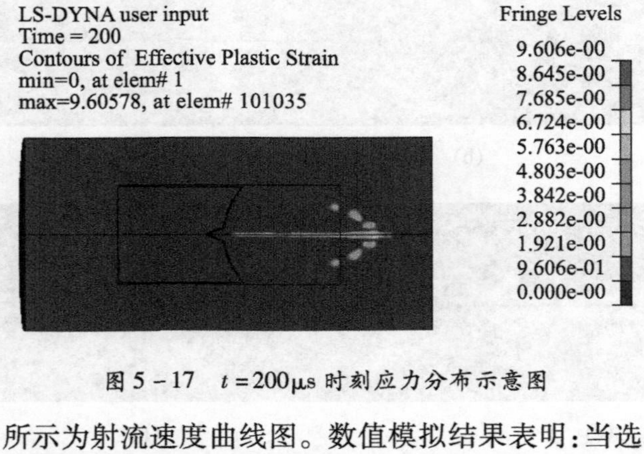

图 5-17　$t=200\mu s$ 时刻应力分布示意图

图 5-18 所示为射流速度曲线图。数值模拟结果表明：当选取适当的药型罩参数时，射流最大速度能超过 10000m/s，当射流从空气中穿透靶板进入水中后，速度很快衰减至 3500m/s 以下。但是，射流在水中运动时衰减变慢，保持速

度在2000m/s左右。可见,射流能在水中开辟通道,有利于减小后续弹丸的运动阻力,增强对靶板的破坏能力。

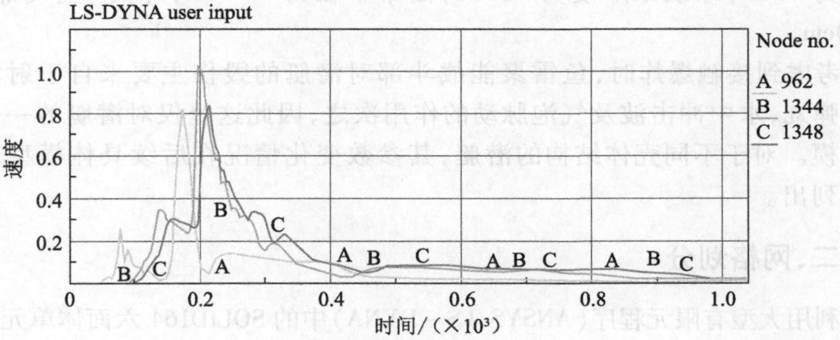

图5-18 射流速度曲线图(单位:cm/μs)

第二节 毁伤效应的数值计算模型

下面将采用前述所研究的高效聚能战斗部分别对单壳体、双壳体潜艇的等效结构进行数值模拟研究,从而深入研究该战斗部的水下毁伤机理。

一、物理模型

建立高效聚能战斗部对单、双壳体潜艇等效结构水中爆炸的力学物理模型如图5-19所示,采用cm-g-μs单位制。由于模型是轴对称的,为减小计算量,建模时取1/4模型[94]。

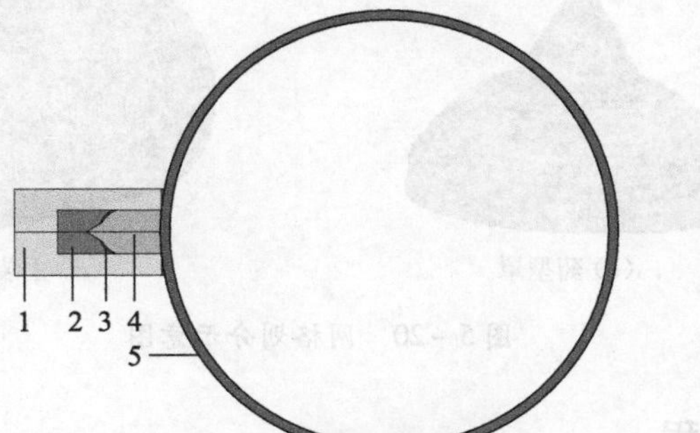

图5-19 计算模型示意图

1—水;2—炸药;3—组合药型罩;4—空气;5—靶板。

根据前述优化设计的结论，所建模型中炸药采用B炸药，装药直径为30cm、装药高度为40cm；组合药型罩材料为紫铜；锥形罩厚度为0.2cm，半锥角为30°，罩高为10cm；球缺罩厚度为0.8cm，曲率半径为15.5cm；炸高（空气部分）取30cm。

考虑到接触爆炸时，鱼雷聚能战斗部对潜艇的毁伤主要来自于射流与EFP弹丸，水中冲击波及气泡脉动的作用次之，因此这里仅对潜艇的一个舱室建模。对于不同壳体结构的潜艇，其参数变化情况在后续具体模型中将一一列出。

二、网格划分

利用大型有限元程序（ANSYS/LS－DYNA）中的SOLID164六面体单元分别对炸药、药型罩、靶板、水、空气进行网格划分。其中，炸药、药型罩、水、空气均采用欧拉网格划分，单元使用多物质ALE算法，靶板采用拉格朗日网格划分，并且靶板与炸药、水之间采用耦合算法。网格全部采用映射画法。网格划分如图5－20所示。

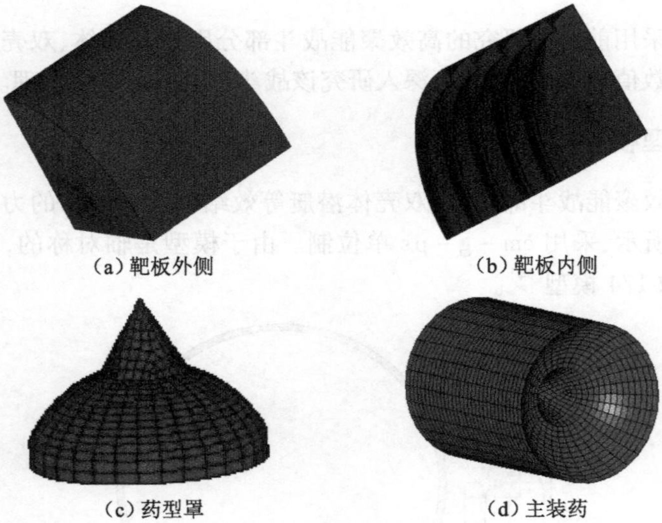

(a) 靶板外侧　(b) 靶板内侧

(c) 药型罩　(d) 主装药

图5－20　网格划分示意图

三、本构方程

(1) 炸药爆轰产物的状态方程采用JWL方程，其公式如下：

$$P = A\left(1 - \frac{\omega}{R_1 V}\right)e^{-R_1 V} + B\left(1 - \frac{\omega}{R_2 V}\right)e^{-R_2 V} + \frac{\omega E}{V} \tag{5-1}$$

式中：P 为爆轰产物的压力；V 为相对体积；E 为单位体积炸药内能；A、B、R_1、R_2、ω 为 JWL 状态方程常数。

（2）水冲击压缩时，采用 GRUNEISEN 状态方程，其公式如下：

$$P = \frac{\rho_0 C^2 \mu\left[1 + \left(1 - \frac{\gamma_0}{2}\right)\mu - \frac{\alpha}{2}\mu^2\right]}{\left[1 - (S_1 - 1)\mu - S_2\frac{\mu^2}{\mu + 1} - S_3\frac{\mu^3}{(\mu + 1)^2}\right]} + (\gamma_0 + \alpha\mu)E \tag{5-2}$$

水膨胀过程状态方程为

$$P = \rho_0 c^2 \mu + (\gamma_0 + \alpha\mu)E \tag{5-3}$$

式中：C 为 $\mu_s - \mu_p$ 曲线的截距；E 为单位体积内能；ρ_0 为初始密度；S_1、S_2、S_3、为 $\mu_s - \mu_p$ 曲线斜率的系数；γ_0 为 GRUNEISEN 状态方程参数；α 为对一阶体积的修正；$\mu = \rho/\rho_0 - 1$。

（3）空气采用 LS - DYNA3D 程序中的 NULL 材料模型。状态方程采用气体状态方程模拟：

$$P_2 = (\gamma - 1)\frac{\rho}{\rho_0}E_0 \tag{5-4}$$

式中：P_2 为气体压力；γ 为气体绝热指数；ρ 为密度；ρ_0 为初始密度；E_0 为气体体积比内能。

（4）药型罩、靶板采用 Johnson - Cook 本构方程，其公式如下：

$$\sigma_\gamma = (A + B\bar{\varepsilon}^{pN})(1 + Clm\varepsilon)(1 - T^m) \tag{5-5}$$

$$\varepsilon = \bar{\varepsilon}^{P}/\varepsilon_0 \tag{5-6}$$

式中：σ_γ 为材料应力；A、B、C、N、l、m 为材料常数；$\bar{\varepsilon}^{P}$ 为有效弹性应变。

（5）混凝土采用 *MAT_PLASTIC_KINEMATIC 材料模型。

四、计算参数

计算过程中，炸药、水、空气、靶板、药型罩以及混凝土的参数分别列于表5 - 1 ~ 表 5 - 5 中[94]。

表 5 - 1　炸药的状态参数

密度/(g/cm³)	爆速/(m/s)	A/GPa	B/GPa	R_1	R_2	ω	E/(J/m³)
1.63	7800	500	6.8	4.0	1.0	0.3	0.8×10^{10}

表 5-2 水的状态参数

密度/(g/cm³)	c	s_1	s_2	γ_0
1.025	1.647	1.921	-0.096	0.35

表 5-3 空气的状态参数

密度/(g/cm³)	γ	E_0/MPa
1.25×10^{-3}	1.4	0.344

表 5-4 靶板和药型罩状态参数

参数 类型	密度 /(g/cm³)	泊松比	弹性模量 /GPa	剪切模量 /GPa	塑性硬化 模量/GPa	屈服应力 /GPa
靶 板	7.83	0.248	210	—	—	0.6
药型罩	8.96	0.340	—	47.7	900	0.12

表 5-5 混凝土的状态参数

密度 /(g/cm³)	泊松比	弹性模量 /GPa	屈服强度 /GPa	屈服后强化 模量/GPa	断裂失效 塑性变形
2.65	0.3	23.6	0.04	0	0.1%

第三节 对单壳体潜艇等效结构的毁伤模拟

根据前述定义的物理模型及有限元网格划分,利用大型有限元程序(ANSYS/LS-DYNA)模拟了该战斗部对单壳体潜艇等效结构的毁伤情况。考虑到鱼雷战斗部命中潜艇时的位置,一种可能是直接命中潜艇某舱的肋骨上,还有一种可能是命中在潜艇两相邻肋骨之间。对单壳体潜艇接触爆炸时,如果爆炸点正好位于潜艇两相邻肋骨之间,为简化建模过程,节省计算时间,可以把潜艇视为无肋骨的形式进行模拟。因此,下面分别以两种形式对潜艇进行建模。

一、命中两肋骨之间位置

(一) 工况 1(耐压壳体厚 4cm)

一般情况下,单壳体结构潜艇的耐压壳体厚度为 4cm 左右。因此,取潜艇耐压壳体厚度为 4cm 进行建模。以某型潜艇三舱为例,壳体材料采用造船装甲钢 921 号钢,圆柱壳直径取 640cm,长度取 700cm,厚度取 4cm。聚能战斗部命中该单壳体潜艇两肋骨之间位置时，其模拟结果分别如图 5-21～图 5-23 所示。

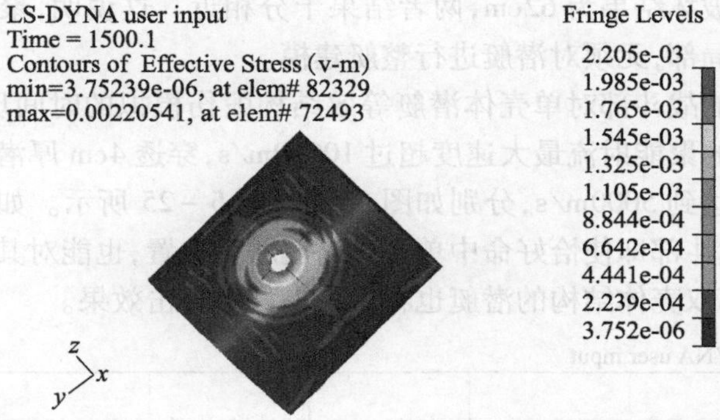

图 5-21　对单壳体潜艇等效结构(耐压壳体厚 4cm)的毁伤模拟结果(外部)

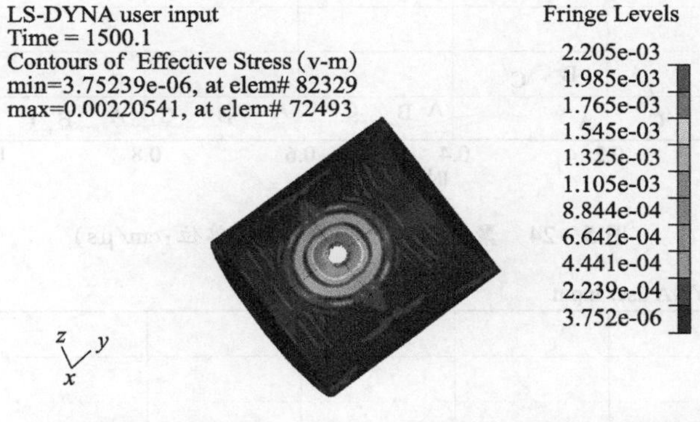

图 5-22　对单壳体潜艇等效结构(耐压壳体厚 4cm)的毁伤模拟结果(内部)

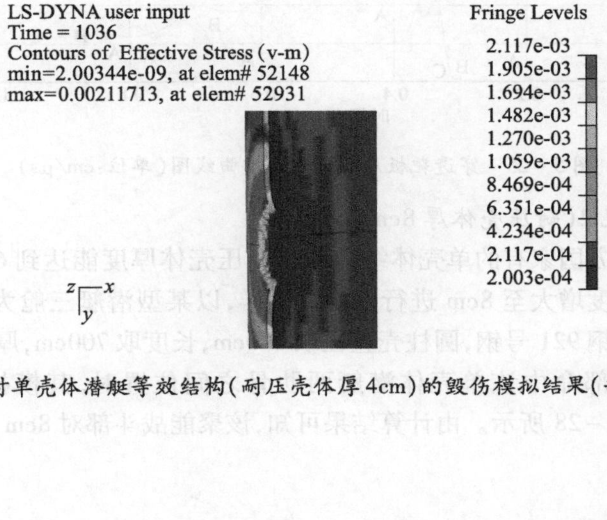

图 5-23　对单壳体潜艇等效结构(耐压壳体厚 4cm)的毁伤模拟结果(剖视放大图)

由结果可知,该战斗部对4cm厚的单壳体潜艇的入口毁伤直径高达60cm,出口毁伤直径为57.4cm,相当于2倍的战斗部直径。而该战斗部对相同厚度平面靶板的模拟破坏结果为62cm,两者结果十分相近。这说明,聚能战斗部的破坏效果集中在局部,无须对潜艇进行整艇建模。

分析该聚能战斗部对单壳体潜艇等效结构毁伤模拟的时间历程曲线可知:战斗部所形成的聚能射流最大速度超过10000m/s,穿透4cm厚潜艇耐压壳体的剩余速度尚能达到5000m/s,分别如图5-24、图5-25所示。如此之大的剩余速度,说明该战斗部即使恰好命中单壳体潜艇肋骨位置,也能对其造成严重的毁伤,甚至对破坏双壳体结构的潜艇也将具备良好的打击效果。

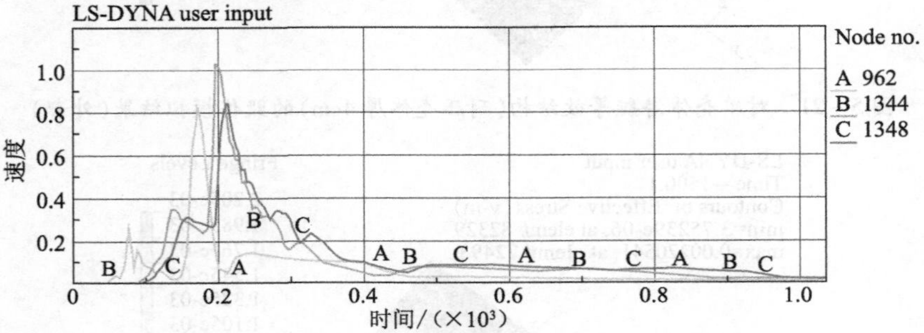

图5-24 聚能射流速度曲线图(单位:cm/μs)

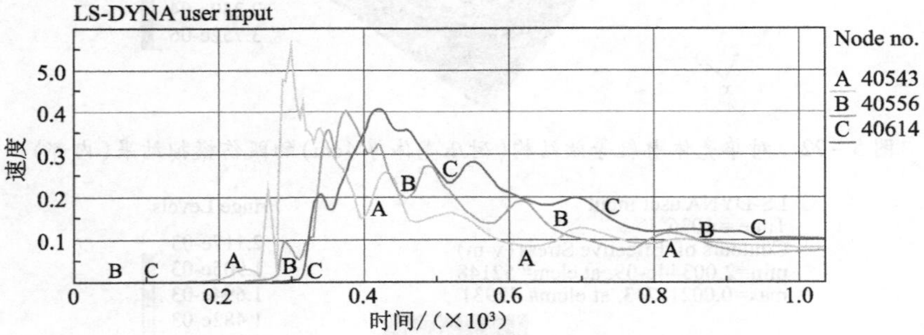

图5-25 穿透靶板后的剩余速度曲线图(单位:cm/μs)

(二)工况2(耐压壳体厚8cm)

考虑到西方国家有的单壳体结构潜艇耐压壳体厚度能达到6~8cm,因此,将耐压壳体厚度增大至8cm进行建模。同样,以某型潜艇三舱为例,壳体材料采用造船装甲钢921号钢,圆柱壳直径取640cm,长度取700cm,厚度取8cm。

聚能战斗部命中该单壳体潜艇两肋骨之间位置时,其模拟结果分别如图5-26~图5-28所示。由计算结果可知,该聚能战斗部对8cm厚的单壳体潜艇的入口毁伤直径高达56.0cm(图5-26),出口毁伤直径为53.7cm(图5-27),相当于1.8倍的战斗部直径。该结果稍小于对4cm厚的单壳体潜艇的毁伤尺寸,说明随着靶板厚度的增加毁伤直径将减小,与实际情况相相符合。因此,该战斗部几乎能轻而易举击穿现有的单层壳体舰船。

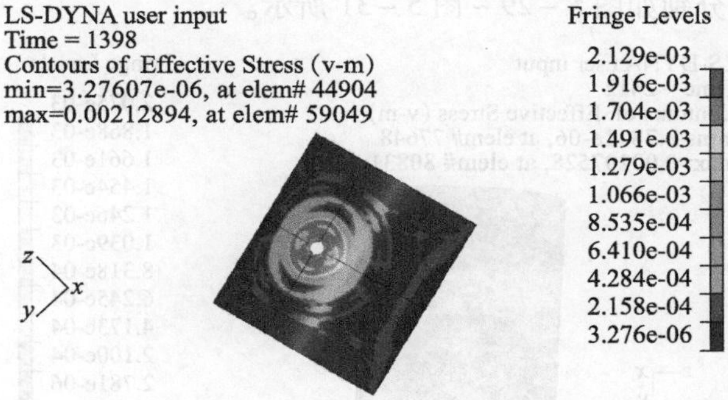

图5-26　对单壳体潜艇等效结构(耐压壳体厚8cm)的毁伤模拟结果(外部)

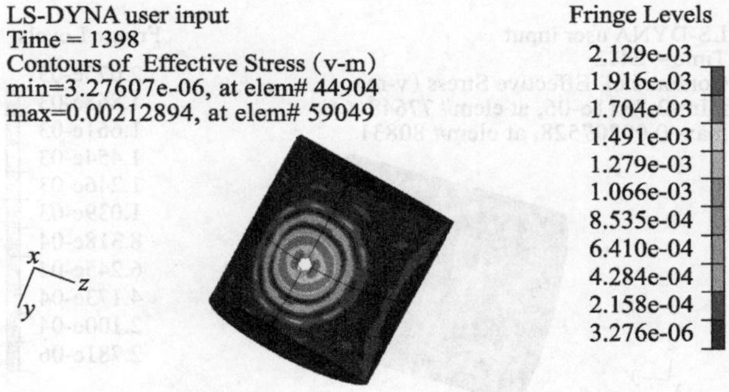

对单壳体潜艇等效结构(耐压壳体厚8cm)的毁伤模拟结果(内部)

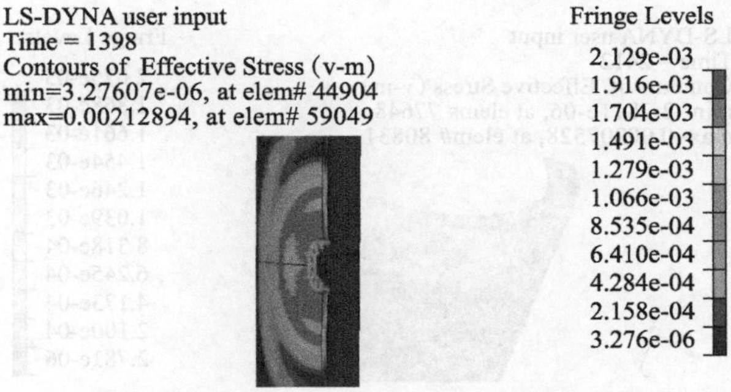

图5-28　对单壳体潜艇等效结构(耐压壳体厚8cm)的毁伤模拟结果(剖视放大图)

二、命中肋骨所在位置

（一）工况1（耐压壳体厚4cm）

聚能战斗部命中单壳体潜艇等效结构（耐压壳体厚度为4cm）肋骨所在位置时，其模拟结果分别如图5－29～图5－31所示。

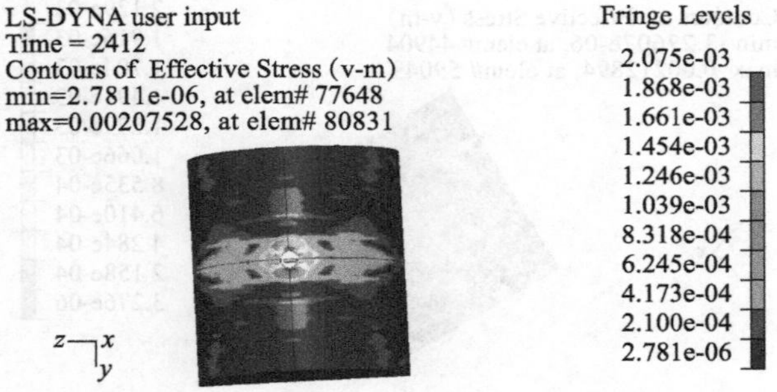

图5－29　对单壳体潜艇等效结构（耐压壳体厚4cm）的毁伤模拟结果（外部）

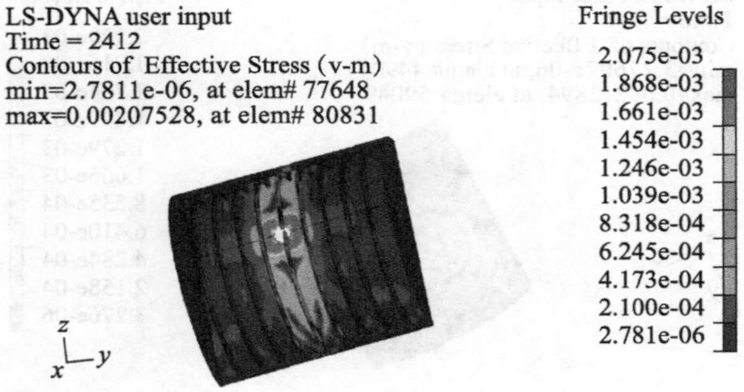

图5－30　对单壳体潜艇等效结构（耐压壳体厚4cm）的毁伤模拟结果（内部）

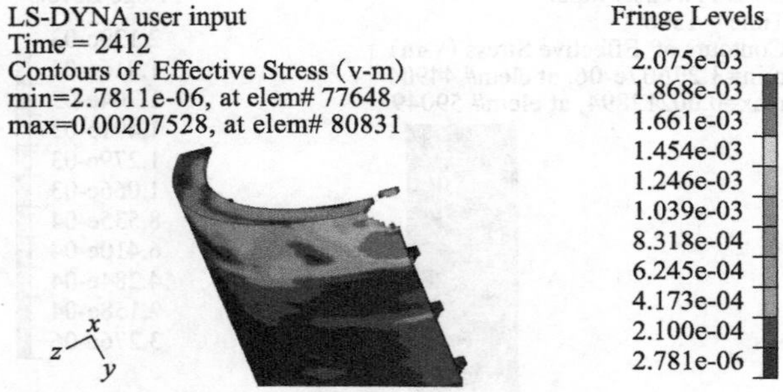

图5－31　对单壳体潜艇等效结构（耐压壳体厚4cm）的毁伤模拟结果（局部放大图）

由结果可知,该战斗部对4cm厚的单壳体潜艇(含30cm厚、8cm宽的内肋骨)的入口毁伤直径仍为60cm,出口毁伤直径为57.4cm,相当于2倍的战斗部直径,计算结果与无肋骨时一致;并且,8cm宽、30cm厚的内肋骨被切断,切口长度为57.4cm。可见,即使命中肋骨位置,该战斗部也能有效毁伤耐压壳体厚度为4cm的单壳体结构潜艇。

分析该聚能战斗部对单壳体潜艇等效结构(耐压壳体厚度为4cm)的毁伤模拟的时间历程曲线可知:战斗部所形成的聚能射流在穿透4cm厚潜艇耐压壳体与30cm厚的肋骨后的剩余速度仍能超过500m/s,所形成的破片飞散速度约90m/s,分别如图5-32~图5-33所示。剩余速度仍然较大,说明该战斗部仍存在继续破坏的能力。靶板破片飞散速度后期出现突然跃升,速度增至110m/s,分析可能与EFP弹丸的高速碰撞有关。无论是弹丸还是破片,由于其具有较大的剩余速度,将对艇内设备和人员造成进一步的致命毁伤。

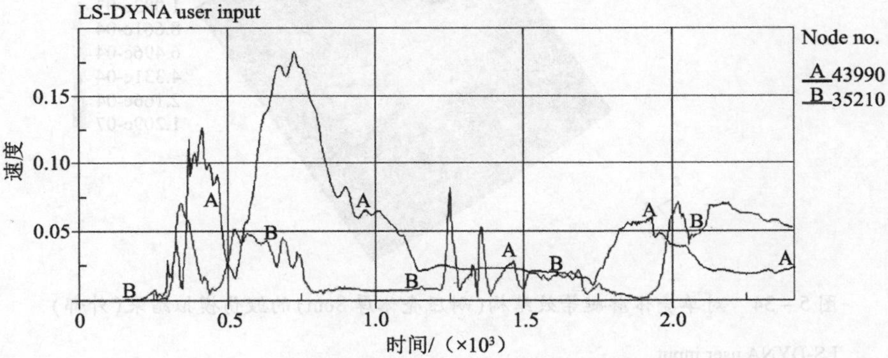

图5-32 穿透靶板后的剩余速度曲线图(单位:cm/μs)

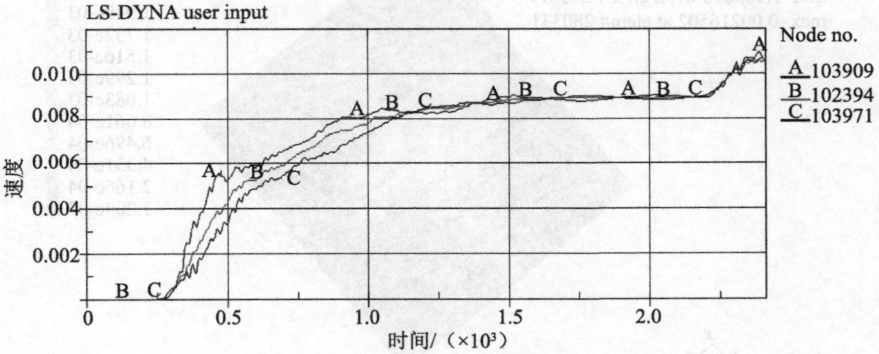

图5-33 破片飞散速度曲线图(单位:cm/μs)

（二）工况2（耐压壳体厚8cm）

聚能战斗部命中单壳体潜艇等效结构（耐压壳体厚8cm）肋骨所在位置时，其模拟结果分别如图5－34～图5－36所示。

由结果可知，该战斗部对8cm厚的单壳体潜艇（含30cm厚、8cm宽的内肋骨）的入口毁伤直径仍为56cm，出口毁伤直径为51.5cm，相当于1.7倍的战斗部直径，计算结果与无肋骨时一致；并且，8cm宽、30cm厚的内肋骨被切断，切口长度为51.5cm。可见，即使命中在潜艇肋骨位置处，该战斗部也能轻而易举地毁伤耐压壳体厚为8cm的单壳体结构潜艇。

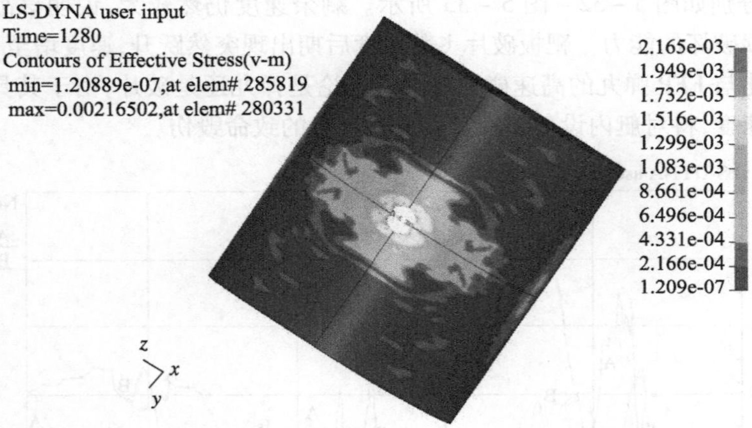

图5－34　对单壳体潜艇等效结构（耐压壳体厚8cm）的毁伤模拟结果（外部）

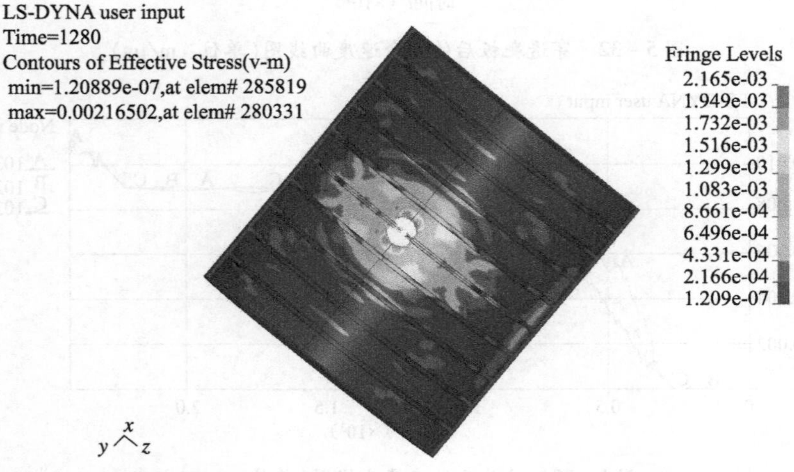

图5－35　对单壳体潜艇等效结构（耐压壳体厚8cm）的毁伤模拟结果（内部）

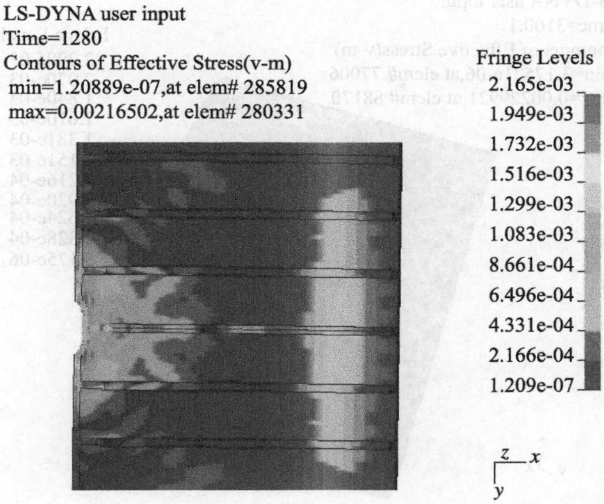

图 5-36　对单壳体潜艇等效结构(耐压壳体厚 8cm)的毁伤模拟结果(局部放大图)

第四节　对双壳体潜艇等效结构的毁伤模拟

高效聚能战斗部对双壳体潜艇等效结构的毁伤模拟过程和对单壳体潜艇等效结构的毁伤相同,也可分为命中两肋骨之间位置和命中肋骨所在位置两种工况对双壳体结构潜艇进行建模。

一、命中两肋骨之间位置

(一) 工况 1(中间水层为 1m)

以某型双壳体潜艇三舱的相关技术参数为依据建立模型,其圆柱壳内径为 3m,外径为 4m,舱室长为 6.4m;非耐压壳体厚度取 1cm,耐压壳体厚度取 4cm,中间水层厚为 1m。接触爆炸时的模拟结果分别如图 5-37、图 5-38 所示。

由仿真结果可知,该战斗部能有效毁伤具有 1m 中间水层的双壳体潜艇等效结构。对非耐压壳体的毁伤直径超过 60cm,并在耐压壳体上击穿两个直径约为 28cm 的孔洞,破孔形状为“8”字形。可见,由于组合药型罩存在前级锥形罩,导致形成的 EFP 弹丸中心存在一个圆孔,容易分裂为两部分,形成两个 EFP 弹丸,并且在水中的运动过程中向外分散。所以,最终在耐压壳体上形成两个孔洞。如果潜艇处于一定深度航行或机动,该尺寸的孔洞将导致潜艇该舱室在很快时间内注满水。

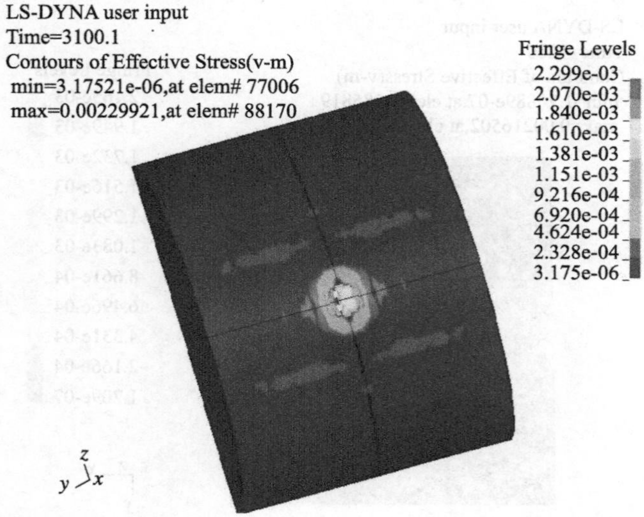

图 5-37　对双壳体潜艇(中间水层为 1m)等效结构的毁伤模拟结果(外部)

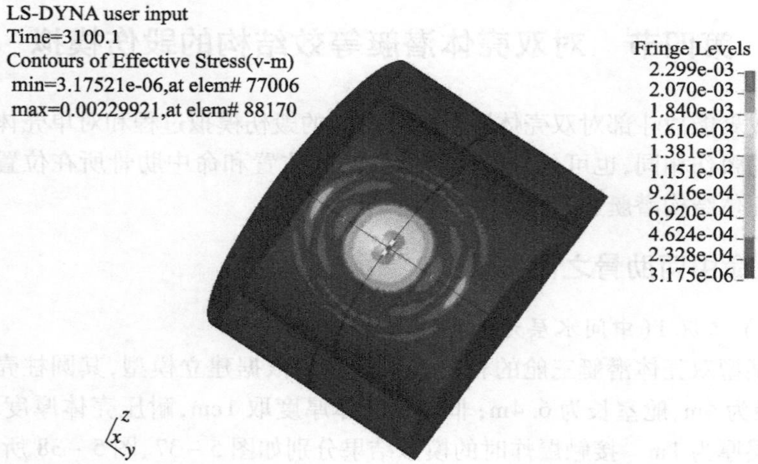

图 5-38　对双壳体潜艇(中间水层为 1m)等效结构的毁伤模拟结果(内部)

(二) 工况 2(中间水层为 2m)

同上,以某型双壳体潜艇四舱的相关技术参数为依据建立模型,其圆柱壳内径为 3m,外径为 5m,舱室长为 6.4m;非耐压壳体厚度取 2cm,耐压壳体厚度取 4cm,中间水层厚为 2m。

接触爆炸时的模拟结果分别如图 5-39、图 5-40 所示。由仿真结果可知,该战斗部能有效毁伤具有 2m 中间水层的双壳体潜艇等效结构。对非耐压壳体的毁伤直径为60cm,并在耐压壳体上击穿两个直径约为26cm的孔洞,破孔形状为“8”字形。

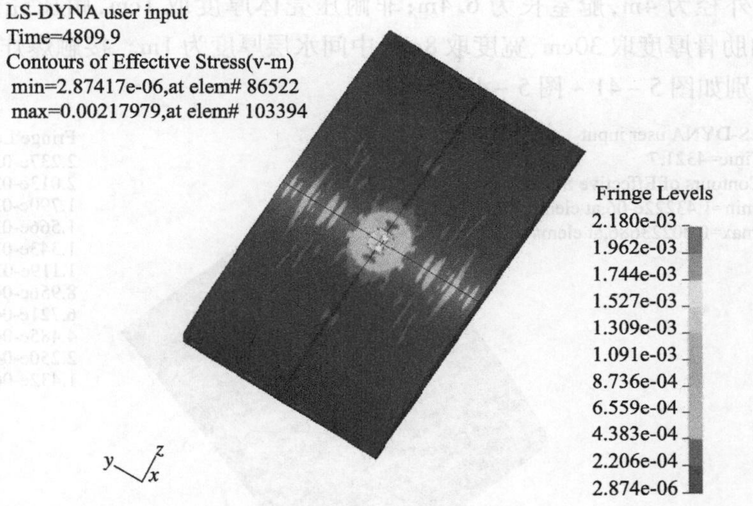

图5-39 对双壳体潜艇(中间水层为2m)等效结构的毁伤模拟结果(外部)

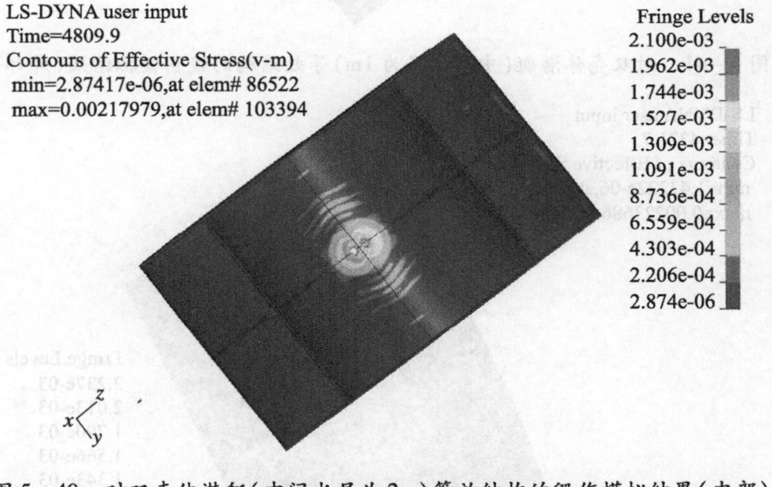

图5-40 对双壳体潜艇(中间水层为2m)等效结构的毁伤模拟结果(内部)

二、命中肋骨所在位置

(一) 工况1(中间水层为1m)

当战斗部爆炸的位置正好处于潜艇某一肋骨位置时,如果忽视潜艇肋骨的存在，则模拟结果与实际情况将有较大出入。下面，以某型潜艇三舱的相关技术参数为依据，建立双壳体潜艇（中间水层为1m）等效结构模型。其圆柱壳内径为3m，外径为4m，舱室长为6.4m；非耐压壳体厚度取1cm，耐压壳体厚度取4cm，内肋骨厚度取30cm、宽度取8cm，中间水层厚度为1m。接触爆炸时的模拟结果分别如图5-41～图5-43所示。

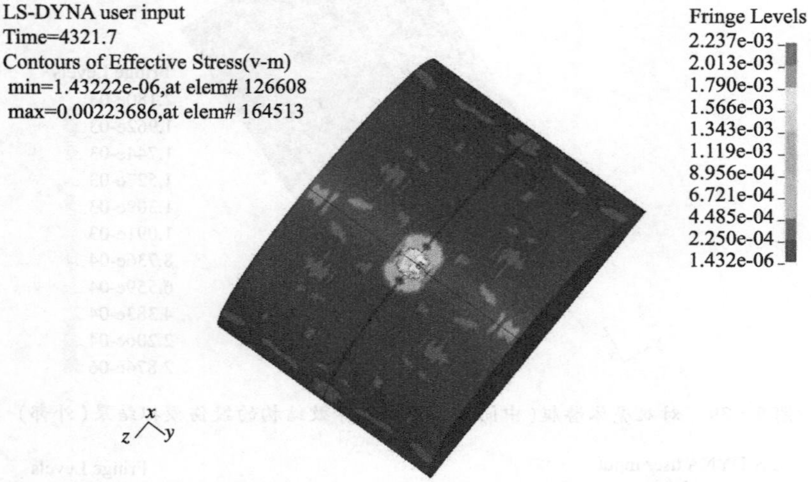

图5-41 对双壳体潜艇（中间水层为1m）等效结构的毁伤模拟结果（外部）

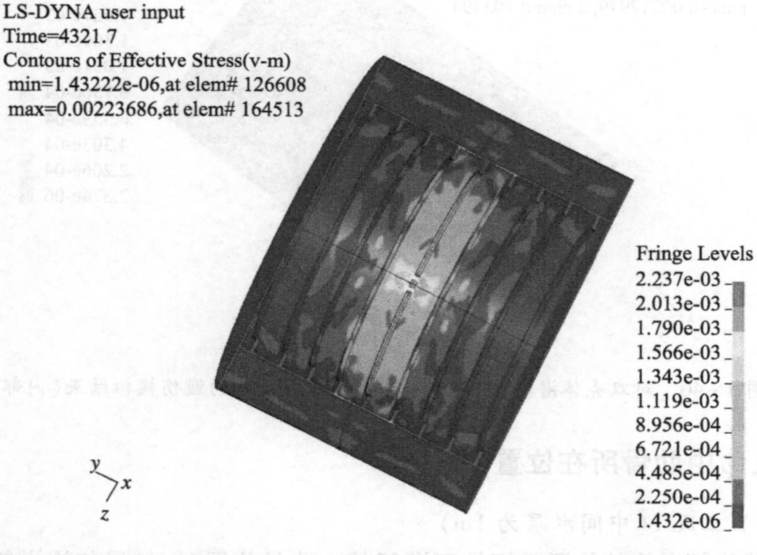

图5-42 对双壳体潜艇（中间水层为1m）等效结构的毁伤模拟结果（内部）

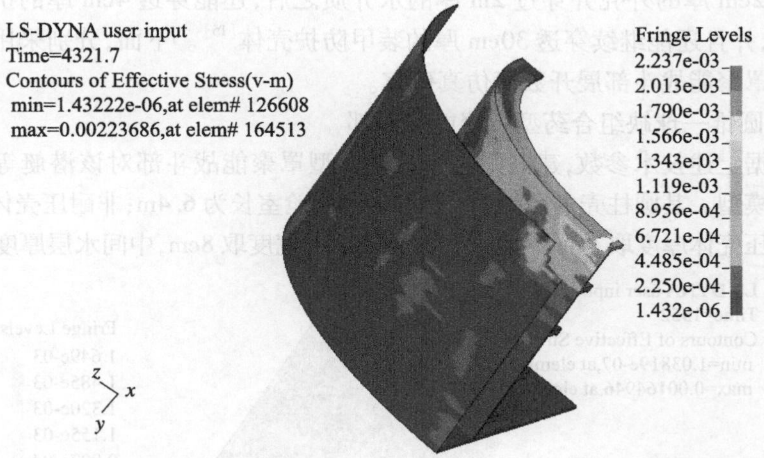

图 5-43　对双壳体潜艇(中间水层为 1m)等效结构的毁伤模拟结果(局部剖视图)

由仿真结果可知,该战斗部对非耐压壳体的毁伤直径超过 60cm;在耐压壳体上击穿两个直径约为 28cm 的孔洞,破孔形状为“8”字形;将 8cm 宽、30cm 厚的内肋骨切成 3 段(图 5-44)。可见,即使命中双壳体潜艇 30cm 厚的肋骨所在位置,战斗部依然能对其造成严重的毁伤效果。这说明,该聚能战斗部对双壳体结构潜艇具有良好的毁伤效果,确实具有高效性,需展开深入研究。

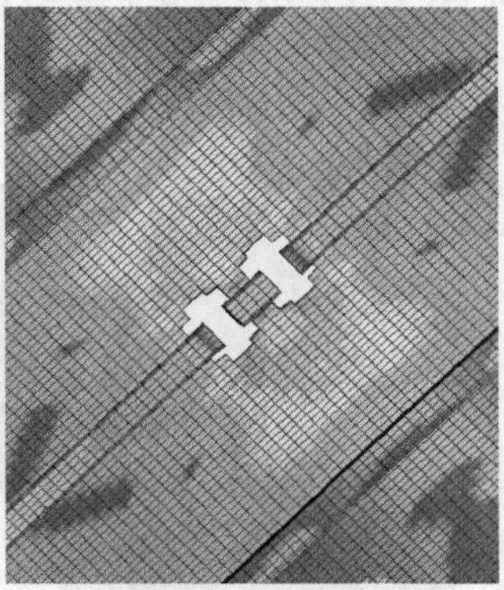

图 5-44　对双壳体潜艇(中间水层为 1m)等效结构的毁伤模拟结果(局部放大图)

(二) 工况 2(中间水层为 2m)

相关资料表明:法国“海鳝”鱼雷的聚能装药为 45kg,其前部有一个直径为 300mm 大锥角药型罩,可穿透厚度为药罩直径 4 倍的钢靶。在模拟攻击水压舱为 2m 厚的双层壳体潜艇试验中,在 50°着角条件下,该战斗部形成的自锻弹丸在穿透 2cm 厚的外壳并穿过 2m 厚的水介质之后，还能穿透 4cm 厚的抗压合金钢壳体，并且还能继续穿透 30cm 厚的装甲防护壳体[15]。下面，分别采用两种不同药型罩聚能战斗部展开数值仿真研究。

1. 圆锥—球缺组合药型罩聚能战斗部

依据上述技术参数，建立圆锥—球缺药型罩聚能战斗部对该潜艇等效结构的毁伤模型。其圆柱壳内径为 3m，外径为 5m，舱室长为 6.4m；非耐压壳体厚度取 2cm，耐压壳体厚度取 4cm，内肋骨厚度取 30cm、宽度取 8cm，中间水层厚度为 2m。

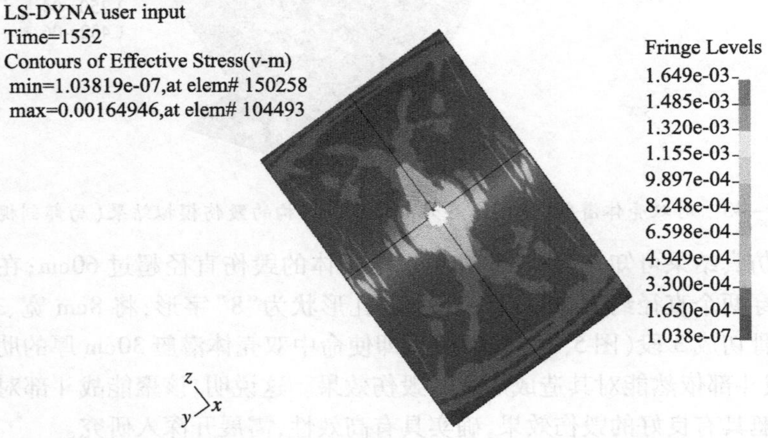

图 5-45　对双壳体潜艇(中间水层为 2m)等效结构的毁伤模拟结果(外部)

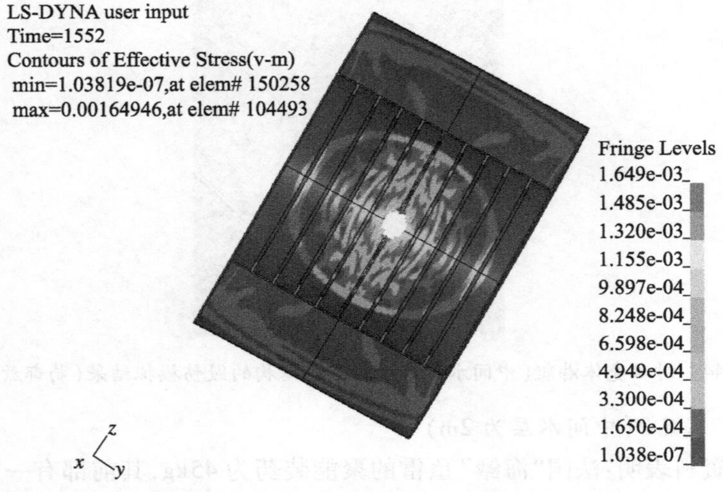

图 5-46　对双壳体潜艇(中间水层为 2m)等效结构的毁伤模拟结果(内部)

数值模拟时装药由原来的 B 炸药改为与“海鳝”鱼雷相同的高性能炸药，接触爆炸时的模拟结果分别如图 5－45、图 5－46 所示。

数值计算结果表明，该战斗部对外层壳体的穿孔直径为 64cm，对内层壳体的穿孔直径为 58cm，并且肋骨完全切断，其破坏效果和法国的“海鳝”鱼雷相当，但其装药量为 36kg，仅为其 80％。可见，改变装药后，战斗部对耐压壳体的毁伤直径与中间水层为 1m 的双壳体结构潜艇相当，但是两个小孔洞合并成为一个大的孔洞，鱼雷的爆炸威力有了进一步地提升。

2. 双球缺组合药型罩聚能战斗部

依据上述技术参数，建立双球缺药型罩聚能战斗部对该潜艇等效结构的毁伤模型，如图 5－47(a)所示，图 5－47(b)为双球缺药型罩示意图。

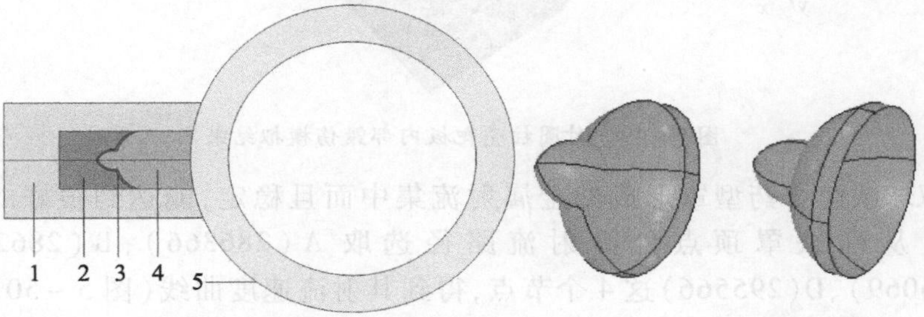

（a）等效结构的毁伤模型　　（b）双球缺药型罩

1—水；2—炸药；3—组合药型罩；4—空气；5—圆柱壳靶板。

图 5－47　计算模型示意图

图 5－48 为装药水中爆炸对圆柱壳靶板外部毁伤模拟效果的整体效果以及局部放大图；图 5－49 为装药水中爆炸对圆柱壳靶板内部毁伤的模拟效果图，装药不仅能穿透 4cm 厚内层壳体，并且厚达 30cm、宽度为 8cm 加强筋被完全贯穿。

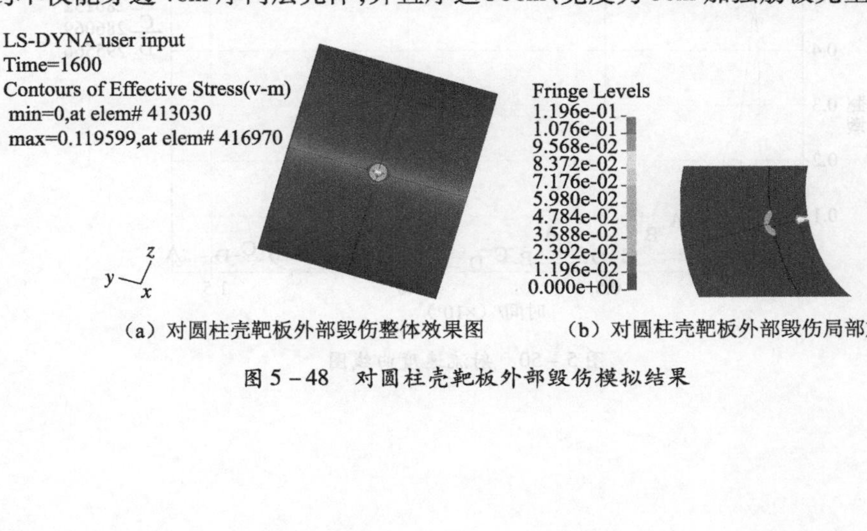

（a）对圆柱壳靶板外部毁伤整体效果图　　（b）对圆柱壳靶板外部毁伤局部放大图

图 5－48　对圆柱壳靶板外部毁伤模拟结果

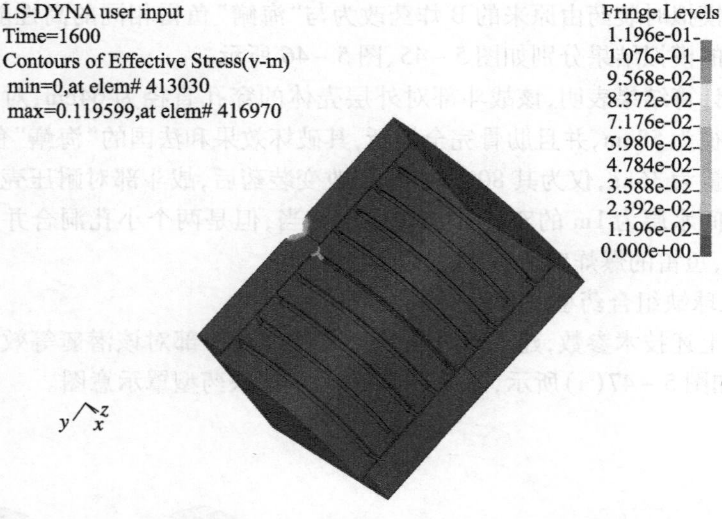

图 5-49　对圆柱壳靶板内部毁伤模拟结果

双球缺组合药型罩形成的金属射流集中而且稳定，能达到很好的毁伤效果。从球缺罩顶点处沿射流路径选取 A(286366)、B(286252)、C(286069)、D(295566)这 4 个节点，得到其射流速度曲线(图 5-50)。数值仿真结果表明，射流头部速度约为 5000m/s，尾部速度约为 1600m/s。虽然相对圆锥、球缺组合药型罩聚能战斗部的射流最大速度[1]（6000m/s）下降了 17%，但是射流更趋于稳定，且射流质量增加（小球缺罩质量大于圆锥罩），因此毁伤效果更好。

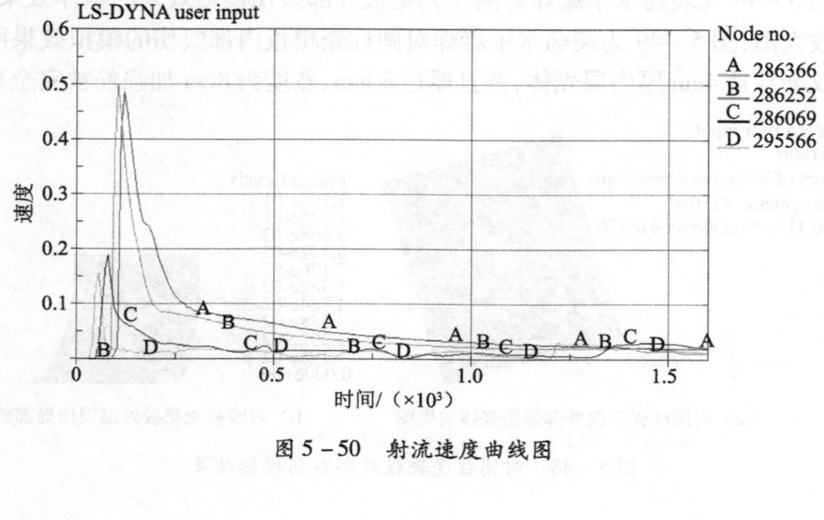

图 5-50　射流速度曲线图

本章通过对典型的单壳体、双壳体潜艇进行等效结构处理,采用大型有限元软件 ANSYS/LS - DYNA 进行了数值模拟计算,得出了如下结论:

(1) 采用B炸药的组合药型罩聚能战斗部接触爆炸时几乎能毁伤目前所有的单层壳体结构潜艇(8cm 厚耐压壳体 +30cm 厚的肋骨),还能对双层壳体结构的潜艇(1cm 厚非耐压壳体 +1m 中间水层 +4cm 厚耐压壳体 +30cm 厚的肋骨)造成重大的毁伤。研究认为:该战斗部可用于打击大型核潜艇,甚至于航空母舰。

(2) 采用高性能炸药的组合药型罩聚能战斗部接触爆炸时的毁伤效果可以与法国的“海鳝”鱼雷相媲美,能击穿 2cm 厚非耐压壳体 +2m 中间水层 +4cm 厚耐压壳体 +30cm 厚肋骨的双层壳体结构潜艇,而装药量仅为其 80% 。如果该战斗部采用核装药或者串联装药技术,那么毁伤效果将更为理想。

第六章　高效聚能战斗部试验研究

为深入验证高效聚能战斗部毁伤机理，依据小型鱼雷战斗部的尺寸（直径为34cm），其装药直径取30cm，共设计了两种尺寸的战斗部缩比模型，设计尺寸与实际尺寸分别按1∶10与1∶3确定，装药直径分别取3cm和10cm。同时，建立了1∶3的聚能战斗部水中爆炸对靶板毁伤的数值计算模型。其中，1∶10的缩比模型主要用于陆地试验，用以验证其原理是否可行；1∶3的缩比模型主要用于水中试验，用以验证数值计算结果是否准确。

第一节　战斗部缩比模型的设计与计算

一、结构设计

战斗部外形尺寸设计主要是在理论分析的基础上，通过计算机辅助设计来确定。其设计依据是要保证在装药爆轰后，爆轰波沿着装药轴线方向传播，爆轰产物作用于药型罩，将其压跨并翻转，形成自锻破片，对目标进行毁伤。

组合药型罩聚能战斗部主要由壳体、起爆药柱、主装药、组合药型罩、空腔、雷管室等组成，其结构如图6－1所示。缩比模型设计尺寸与实际尺寸按1∶3确定。

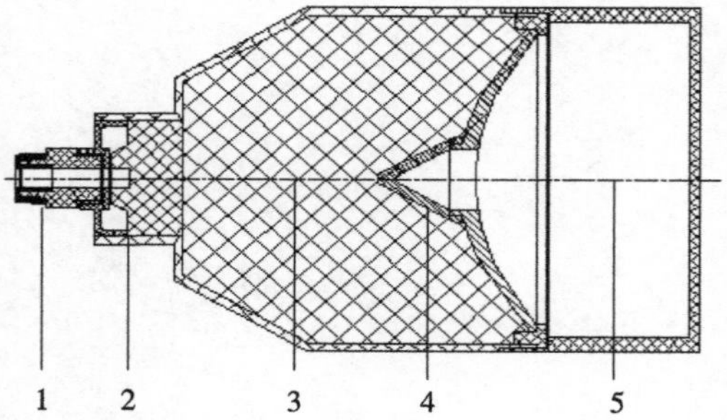

图6－1　聚能战斗部模型结构示意图

1—雷管室；2—起爆药柱；3—主装药；4—组合药型罩；5—空腔。

设计的战斗部模型最终尺寸为：高度 217.2cm，底部直径 12.5cm，雷管室直径 2.1cm；装药：采用注装 B 炸药，装药量为 1600g；全重为 2282g；使用环境：30m 以浅水中可靠使用，也可用于陆地；起爆方法：可用电雷管、导爆管雷管、导爆索起爆，也可用定时起爆器和遥控起爆器连接起爆。同时，设计保证安全性能，在勤务处理及使用方面安全可靠。最终确定的战斗部 1:3 的缩比模型，如图 6-2 所示。

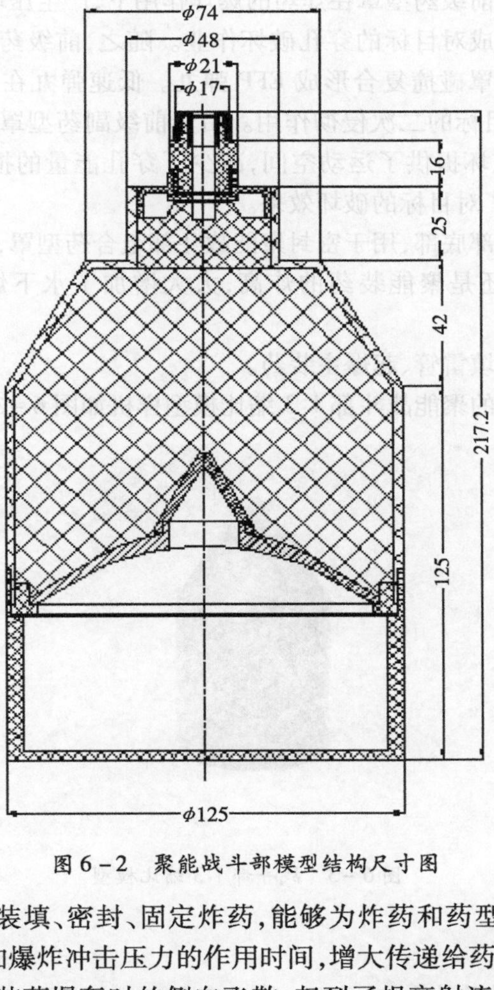

图 6-2　聚能战斗部模型结构尺寸图

壳体主要用于装填、密封、固定炸药，能够为炸药和药型罩提供保护作用。同时，壳体还可增加爆炸冲击压力的作用时间，增大传递给药型罩的总能量。这是因为壳体约束了装药爆轰时的侧向飞散，起到了提高射流速度的作用。壳体底部密封，既能起到防水作用，克服水对射流的影响，以保证水下使用的技术要求；又能为装药提供炸高，提高其破坏效能。

起爆药柱在雷管的引爆作用下,能够可靠地爆轰,进而使主装药爆炸。

主装药由钝化黑索今和梯恩梯熔合炸药组成,提供爆炸能源。

组合药型罩分别由后续主药型罩和前级副药型罩组成。其中,前级副药型罩主要用于形成金属射流对目标进行开孔作业,后续主药型罩用于形成 EFP 弹丸破坏目标。该装药充分利用了金属射流和弹丸的联合作用效果,大大提高了装药对目标的破坏效果。其作用原理是:当雷管爆炸后,首先引爆传爆药柱,然后使主装药爆轰。前级药型罩在炸药的爆炸作用下,产生压垮运动,其上部形成的高速射流首先完成对目标的穿孔破坏作业。随之,前级药型罩底部在压合作用下与后续主药型罩碰撞复合形成 EFP 弹丸。低速弹丸在射流拉动下快速成形并加速,完成对目标的二次侵彻作用。由于前级副药型罩的作用能够为后续的 EFP 弹丸随进破坏提供了运动空间,减少了穿孔能量的损耗,大大提高了装药的利用率,增强了对目标的破坏效果。

空腔置于战斗部底部,用于密封聚能战斗部组合药型罩,为射流提供了运动的空间。同时,它还是聚能装药的炸高,大大增加了水下爆破穿孔器的破坏效果。

雷管室用于装填雷管、起爆主装药。

最终设计制造的聚能战斗部 1:3 缩比模型样机如图 6-3 所示。

图 6-3　战斗部 1:3 缩比模型

二、质量计算

(一) 装药质量的计算

该战斗部结构复杂,多为不规则形体,装药质量计算无法用解析法求得准确的结果,须利用计算机辅助设计求解其质量。经计算其装药体积为 951.2cm^3,

装药密度为 1.63g/cm³，则装药质量为 1550.5g；而传爆药的质量为 43.6g。

（二）药型罩质量的计算

小锥角罩采用铜材料，其结构不适宜利用解析法计算，通过数值求解其质量为 10.6g。

球缺罩为主药型罩，采用铜材料，其结构同样较为复杂，通过数值求解其质量为 338g。

（三）战斗部总质量的计算

战斗部整体入水中后受到浮力和自身重力的作用。由图 6－2 所示可将其看作 4 个圆柱体和 1 个圆台的组合（未考虑雷管体积和重量）。圆柱体和圆台的半径分别为 $r_1=8.5\text{mm}$，$r_2=10.5\text{mm}$，$r_3=24\text{mm}$，$r_4=37\text{mm}$，$r_5=62.5\text{mm}$。圆柱体和圆台的高度分别为 $h_1=217.2-16-25-42-125=9.2\text{mm}$，$h_2=16\text{mm}$，$h_3=25\text{mm}$，$h_4=42\text{mm}$，$h_5=125\text{mm}$。

由此可计算其体积为

$$v=\pi r_1^2h_1+\pi r_2^2h_2+\pi r_3^2h_3+\pi h_4(r_4^2+r_4r_5+r_5^2)/3+\pi r_5^2h_5=1920.6\text{cm}^3$$

则其浮力为

$$F=\rho gv=18.82\text{N}$$

战斗部其他部分为壳体和支撑定位结构，总质量为 320.22g，则战斗部总质量为 2281.92g，即重力为 22.36N。由于雷管本身入水后的重力大于浮力，故装配后的整体结构是重力大于浮力。

三、威力计算

（一）简化装药计算模型

战斗部采用组合药型罩结构，前级药型罩形成射流用于开孔，后级药型罩形成 EFP 弹丸用于破坏目标，提高了装药的利用率，增加了战斗部的破坏效能。因其结构在计算时较为复杂，在不影响计算结果的情况下，结合工程实践情况，将其计算模型简化成图 6－4 所示，采用注装 B 炸药，装药密度 1.63g/cm³，爆速 7800m/s。

（二）简化模型的装药和药型罩质量计算

由图 6－4 可以得装药体积为

$$v=\pi(H-h)(R^2+Rr+r^2)/3+\pi R^2h-\pi h_1^2(3R_1-h_1)/3$$

式中：$H=11\text{cm}$，$h=7\text{cm}$，$R=5.5\text{cm}$，$r=3.1\text{cm}$，$h_1=2.9\text{cm}$，$R_1=6.7\text{cm}$。

由此可得，装药质量为 $m_1=1271\text{g}$。

药型罩为等壁厚球缺罩，壁厚为 0.5cm，利用高等数学三重积分可以计算其质量为 496g。

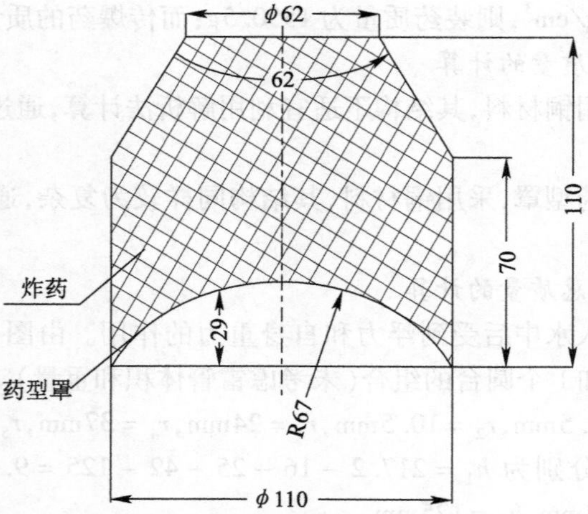

图 6-4　简化装药计算模型

（三）EFP 初速度的计算

利用前述推导的公式：$v=\frac{1}{8}(\cos\theta+0.68)\frac{m}{M}D$，可以计算出 EFP 的初速度。

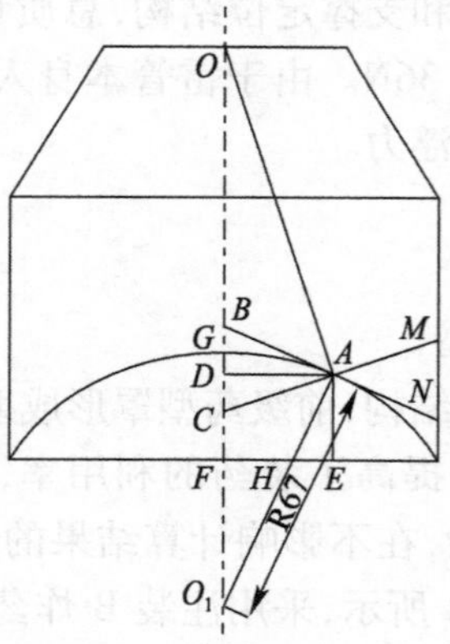

图 6-5　爆轰波传播示意图

由图 6-5 可知：

$$OF=11\text{cm},O_1A=R_1=6.7\text{cm},AD=11/4=2.75\text{cm}$$

$$\angle AO_1D=\arcsin\frac{AD}{AO_1}=24.23^\circ$$

$$O_1F=6.7-2.9=3.8\text{cm}$$

$$FH=O_1F\tan\angle AO_1D=1.71\text{cm}$$

$$AE = \frac{EF - FH}{FH} FO_1 = 2.31\text{cm}$$

$$AE = DF$$

$$OD = FH - DF = 8.69\text{cm}$$

$$CD = \frac{AD^2}{OD} = 0.87\text{cm}$$

$$\angle ACD = \arctan \frac{AD}{CD} = 72.44^\circ$$

$$\angle CAO_1 = \angle ACD - \angle AO_1 D = 48.21^\circ$$

$$\theta = \angle BAC = 90^\circ - \angle CAO_1 = 41.77^\circ$$

由此可得

$$\theta = 41.77^\circ/2 \approx 20.895^\circ$$

利用几何法可确定有效装药质量，如图6－6所示。经计算可得有效装药量$m = 750\text{g}$。

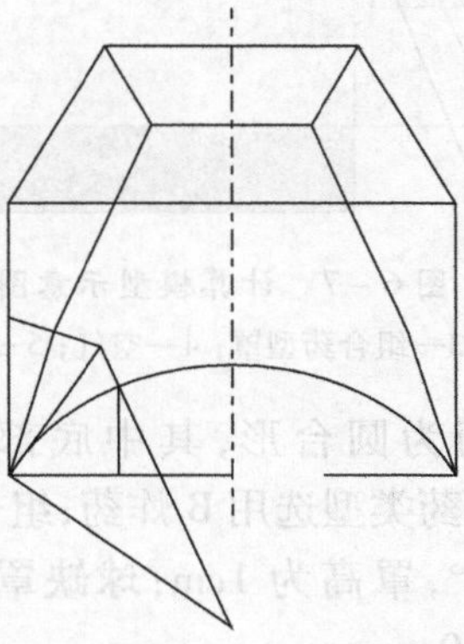

图6－6　有效装药量计算图

又由前面药型罩和装药设计参数可知：

$$M_1 = 496\text{g}, D = 7800\text{m/s}$$

代入上述公式中，可得出EFP的初速为

$$v_0 = \frac{1}{8}(\cos\theta + 0.68)\frac{m}{M}D = 2380\text{m/s}$$

（四）侵彻深度的计算

通常情况下，经验公式中$N = 0.45$；当初始速度$v_0 = v'_{cr} = 2200\text{m/s}$，$D = 2500\text{kg/m}^2$，靶板密度为$7800\text{kg/m}^3$，紫铜密度为$8900\text{kg/m}^3$，取EFP的密实度$\eta = 0.7$。

由前面的计算可知，$v_0=2380\text{m/s}>v^f_{cr}=2200\text{m/s}$，因此选用式(3-61)计算EFP侵彻靶板的深度。

将 $d=0.45D=4.95\text{cm}$，$l_0=2d=9.9\text{cm}$，$f_c=5.03\times10^8\text{Pa}$ 代入式(3-61)，可得出侵彻靶板的深度为 $P=10.845\text{cm}$。

四、数值计算

建立聚能战斗部接触爆炸钢板的力学物理模型如图6-7所示，按照与实际模型1:1的尺寸进行建模，采用cm-g-μs单位制。由于模型的轴对称，为减小数值模拟的计算量，取1/4模型进行建模[94]。

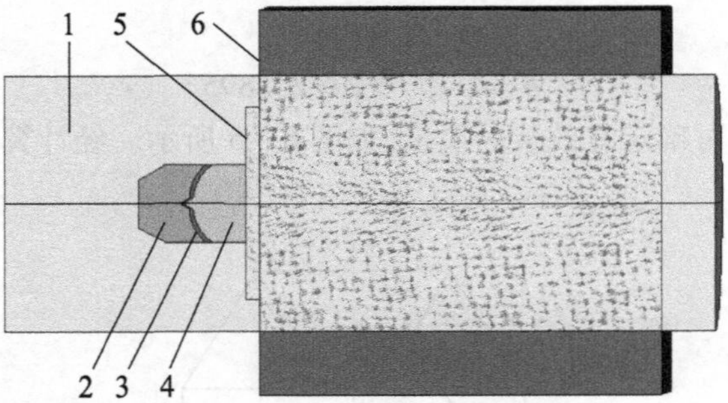

图6-7 计算模型示意图

1—水；2—炸药；3—组合药型罩；4—空气；5—靶板；6—混凝土。

所建物理模型中，装药为圆台形，其中底部直径为10cm，顶部直径为6.2cm，装药高度为11cm，装药类型选用B炸药；组合药型罩材料为紫铜；锥形罩厚度为0.2cm，半锥角为30°，罩高为1cm；球缺罩厚度为0.5cm，曲率半径为6.7cm；炸高(空气部分)取10cm。

靶板采用30cm×30cm×2cm的45号钢板，为便于试验过程中靶板的固定，将其放置于60cm×60cm×60cm的混凝土板上。

按照上述参数建模，采用大型有限元软件ANSYS/LS-DYNA进行数值模拟计算，计算结果如图6-8所示。其中，图6-8(a)为 $t=800\mu\text{s}$ 时刻的应力场分布示意图，靶板入口穿孔直径为15.8cm，出口穿孔直径为15.0cm；图6-8(b)为战斗部侵彻靶板的剖视效果图。并且，用于固定靶板的混凝土板全部破碎。

装药爆炸后，形成聚能射流和EFP对目标进行破坏。其中，聚能射流的最大速度为3746m/s(图6-9)，而理论计算值为3528m/s，误差为6.2%；EFP的初始速度为2500m/s左右(图6-10)，而理论计算值为2380m/s，误差为4.8%。分析认为：理论计算和数值模拟结果较为接近，两者误差在允许范围之内。如果通过进一步的试验能验证数值模拟结果，则说明建立的物理模型正确，并且理论计算推导公式准确。

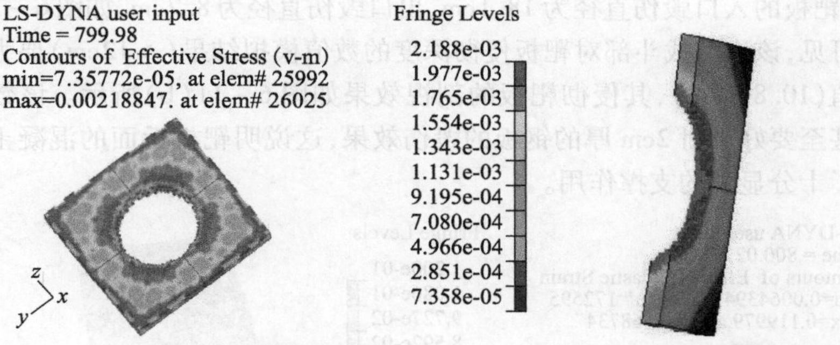

（a）应力场分布图　　（b）靶板剖视图

图 6-8　计算结果示意图

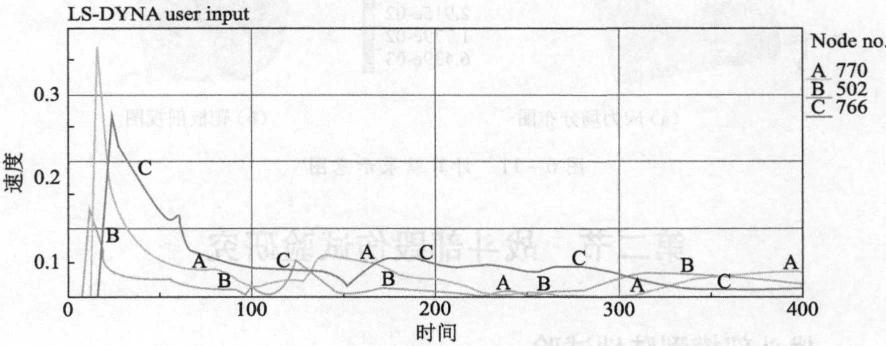

图 6-9　聚能射流速度曲线图

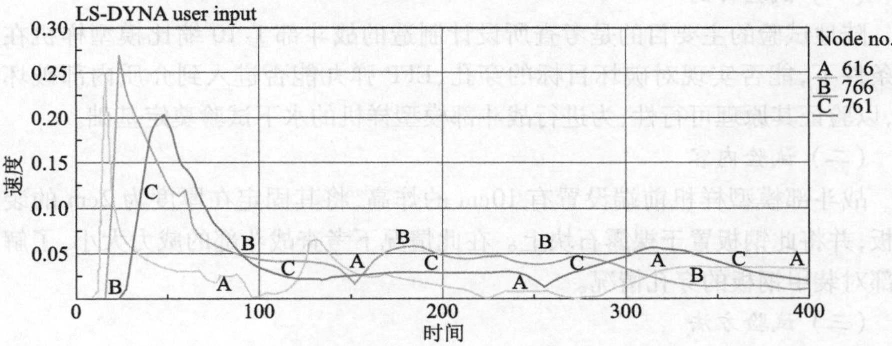

图 6-10　EFP 速度曲线图

另外,采用 30cm×30cm×12cm 的钢板作为靶板进行了数值模拟计算,同时移走靶板后面的混凝土板。计算结果表明:聚能战斗部能有效贯穿 12cm 厚的钢板,对靶板的入口毁伤直径为 18.1cm,出口毁伤直径为 8.7cm,如图 6-11(a)所示。可见,该聚能战斗部对靶板侵彻深度的数值模拟结果(>12cm)要大于理论计算值(10.845cm),其侵彻靶板的剖视效果如图 6-11(b)所示。该数值模拟结果甚至要好于对 2cm 厚的钢板的毁伤效果,这说明靶板后面的混凝土板对其起到了十分显著的支撑作用。

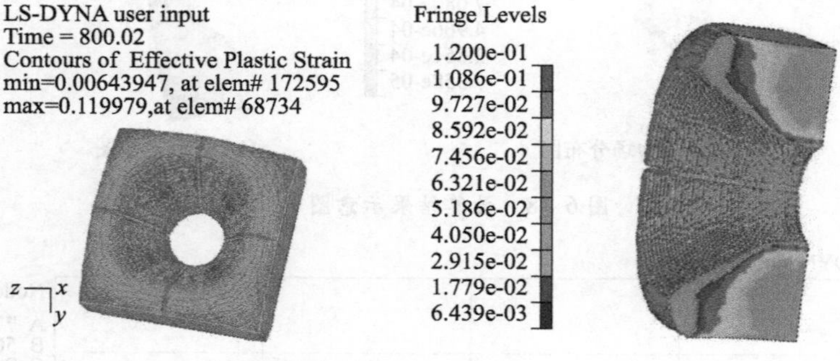

(a) 应力场分布图　　(b) 靶板剖视图

图 6-11　计算结果示意图

第二节　战斗部毁伤试验研究

一、战斗部模型陆地试验

(一) 试验目的

陆地试验的主要目的是考查所设计制造的战斗部 1:10 缩比模型样机在试验条件下,能否实现对破坏目标的穿孔、EFP 弹丸能否进入到介质内部破坏目标,以验证其原理可行性,为进行战斗部模型样机的水下试验奠定基础。

(二) 试验内容

战斗部模型样机前端设置有 10cm 的炸高,将其固定在厚度为 2cm 的装甲钢板,并将此钢板置于裸露石块上。在此情况下考查战斗部的威力大小,了解战斗部对装甲钢板的穿孔情况。

(三) 试验方法

试验按以下方法步骤进行:

(1) 选择一结构完好的裸露石灰岩石块,并测量其尺寸为 90cm ×

110cm × 70cm；

（2）将一块尺寸为 35cm × 35cm × 2cm 的装甲钢板放置在所选择石灰岩块上；

（3）将试验所用的战斗部 1∶10 缩比模型样机置于钢板上部中心位置，并且固定牢靠；

（4）将起爆雷管安装在战斗部缩比模型样机上，连接好导线；

（5）检查、测试起爆线路，确定连接无误，所有人员撤离至安全地点后，起爆装药；

（6）按有关规定对爆后情况进行检查。

（四）试验结果分析

在试验条件下，战斗部缩比模型样机爆炸后，装甲钢板被抛出约 15m，并在钢板中央形成一个比较规则的圆孔，入口尺寸为 3.7cm，出口尺寸为 3.5cm，毁伤尺寸约为 1.2 倍的装药直径。钢板下面的石灰岩块则产生了粉碎性破坏，爆破效果良好，验证了该战斗部的原理可行（试验效果如图 6－12～图 6－15 所示）。

图 6－12　装药设置图

图 6－13　钢板入口处穿孔效果图

图 6－14　钢板出口处穿孔效果图

图 6－15　石块破碎效果图

（五）试验结论

通过对聚能战斗部模型样机进行了性能试验，试验结果达到了预期目的，爆炸装药实现了对目标的穿孔、EFP 弹丸进一步对目标的破坏。在对该战斗部模型样机的水下适用性进行部分改进后，可用于进行水下爆炸性能试验。

二、战斗部模型水下试验

（一）试验目的

水下试验的主要目的是：考查聚能战斗部 1∶3 缩比模型样机在 10cm 炸高、水深 1m 的试验条件下，能否实现对破坏目标的穿孔、EFP 弹丸能否进入到介质内部破坏目标，同时验证所建立的数值模型是否准确，为下一步战斗部的结构优化设计奠定基础。

（二）试验内容

聚能战斗部模型样机前端设置有 10cm 的防水密封炸高，将其固定在厚度为 2cm 的 45 号钢板上，并将此钢板设置在混凝土板上，混凝土板被 1.5m 深的水淹没。在此情况下，观察钢板的穿孔情况，考查战斗部的威力大小。

（三）试验方法

试验按以下方法步骤进行：

（1）首先在空矿场地上构筑一个尺寸为 3m×3m×1.5m 的蓄水池，试验所用的混凝土板事先放置在蓄水池中央。

（2）将一块尺寸为 30cm×30cm×2cm 的 45 号钢板放置在混凝土板侧面。

（3）将试验所用的战斗部模型样机置于 45 号钢板上部中心位置，并固定牢靠。

（4）将战斗部模型样机连同钢板一起固定在混凝土板上，所有工作设置完毕后，连接起爆导线和雷管，并测量电爆网路的电阻值。

（5）电爆网路测试完好后，用抽水机往水池中灌水，直至混凝土板被水淹没约 1.5m 时停止注水。

（6）起爆装药。

（7）装药起爆后，放掉池中的存水，观察战斗部对钢板的穿孔情况及混凝土板的破坏情况。

（四）试验结果分析

试验过程中装药设置及试验结果分别如图 6－16(a)、图 6－17(a)、图 6－18(a)所示；与之相对应的数值计算模型及计算结果则分别如图 6－16(b)、图 6－17(b)、图 6－18(b)所示。

装药爆炸后，钢板被抛出池外，钢板被完全击穿，中央留有一个规则的圆孔，圆孔入口直径为 13.0cm，出口直径为 12.0cm，达到 1.2 倍以上的破孔直径，混凝土板完全破碎。而数值计算结果中，靶板入口穿孔直径为 15.8cm，出口穿孔直径为 15.0cm，并且混凝土板也完全破碎。数值计算结果超过试验结果 20% 左右，分析认为应该是由于装药密度未达到要求或者装药不均匀所致，该误差在允许数值范围之内。

（a）装药设置图　　　　（b）数值计算模型

图 6－16　装药实际设置与数值计算模型对比图

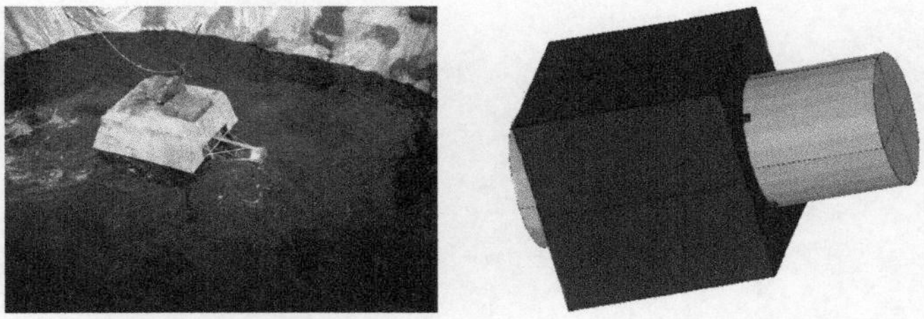

（a）注水时的实际情况　　　　（b）数值计算模型

图 6－17　注水时的实际情况与数值计算模型对比图

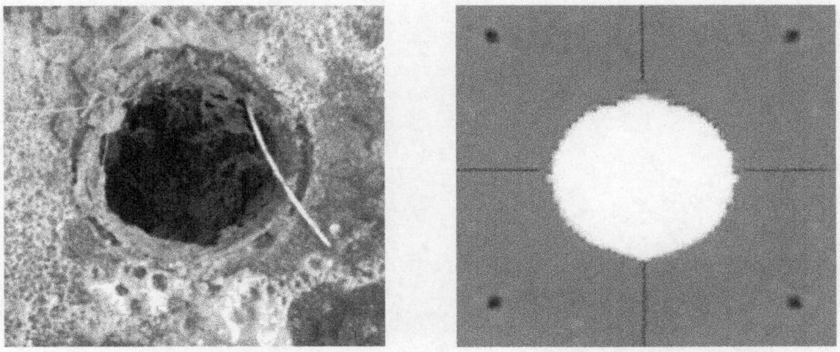

（a）试验效果图　　　　（b）数值模拟结果

图 6－18　试验效果与数值模拟结果对比图

由此可见，聚能战斗部水中性能试验结果验证了数值计算模型的准确性。计算与试验结果表明：两种方法得到的结果较为接近，但是由于数值计算是在理想情况下完成的，其毁伤效果比试验情况下好 20% 左右。

下一步仍需展开深入的试验研究，特别是需要进行深水试验来进一步验证该聚能战斗部的毁伤性能，深入揭示高效聚能战斗部的水中毁伤机理。

本书重点研究了变锥角等壁厚药型罩战斗部的毁伤效果，相关研究表明变壁厚的药型罩的毁伤效果更好。因此,还可展开对变壁厚药型罩的战斗部结构设计与试验研究。尽管高效聚能战斗部的毁伤效果远远高于普通聚能战斗部,但是如果用于对大型航空母舰等目标的有效毁伤,则需展开带随进装药的串联聚能战斗部研究。在前级装药的毁伤效果基础上,后级装药进入目标内部再实施爆破方能有效毁伤大型舰船。

增强水中兵器的毁伤效果与提高舰船的防护性能是一对矛盾体,两者在攻防之间不断发展进步。本书的理论方法和主要结论,可用于指导高效聚能鱼雷战斗部的结构设计,提高水中兵器的毁伤效能,同时也对加强现代舰船的抗爆炸与冲击设计具有良好的借鉴作用。

参考文献

[1] 周方毅,黄雪峰,詹发民,等. 一种双球缺组合药型罩聚能鱼雷战斗部研究[J]. 水下无人系统学报,2017,25(3):278-281.

[2] 周方毅,詹发民,姜涛. 一种组合药型罩聚能战斗部[J]. 鱼雷技术,2012,20(5):380-383.

[3] 马运义. 对潜艇采用单、双壳体结构的分析意见及建议[J]. 舰船总体,2001(6):113-115.

[4] 钱建平,杨芸. 国外鱼雷及自导技术现状与发展趋势[J]. 舰船工程,2003,15(9):10-16.

[5] 郑宇. 双层药型罩毁伤元形成机理研究[D]. 南京:南京理工大学,2008.

[6] 凌荣辉,钱立新,唐平. 聚能型鱼雷战斗部对潜艇目标毁伤研究[J]. 弹道学报,2001,13(3):23-26.

[7] 周方毅,张可玉. 潜艇壳体结构设计研究[J]. 论证与研究,2003(6):36-39.

[8] 周方毅. 复合壳体抗水下爆炸作用机理研究[D]. 大连:海军大连潜艇学院,2004.

[9] Zhou FY, Jiang T, Wang WL, et al. Study on Damage Capabilities of Multiple Hulls Structure under Underwater Explosion[C]. Frontier of Advanced Materials and Engineering Technology,2012:1581-1586.

[10] 周方毅,姜 涛,张可玉. 复合壳体结构水中爆炸损伤特性研究[J]. 爆破,2011,28(4):31-36.

[11] 沈哲. 鱼雷战斗部与引信技术[M]. 北京:国防工业出版社,2009.

[12] 李兵,房毅,冯鹏飞. 聚能型战斗部水中兵器毁伤研究进展[J]. 兵器装备工程学报,2016(2):1-6.

[13] 卢芳云,李翔宇,林玉亮. 战斗部结构与原理[M]. 北京:科学出版社,2009.

[14] 左振英. 串联战斗部串联技术研究[D]. 南京:南京理工大学,2006.

[15] 胡功笠,刘荣忠,李斌,等. 复合式鱼雷战斗部威力试验研究[J]. 南京理工大学学报,2005,29(1):6-8.

[16] 步相东. 鱼雷新型战斗部爆轰波形控制技术研究[J]. 舰船科学技术,2003,25(3):44-57.

[17] 杨莉,张庆明,巨圆圆. 爆炸成型弹丸对含水复合装甲侵彻的实验研究[J]. 北京理工大学学报,2009,29(3):197-200.

[18] 杨莉,张庆明,汪玉,等. 反舰聚能战斗部装药结构研究[J]. 兵工学报,2009,30(增刊2):154-158.

[19] 李兵,刘念念,陈高杰,等. 水中聚能战斗部毁伤双层圆柱壳的数值模拟与试验研究[J]. 兵工学报,2018,39(1):38-45.

[20] 周方毅,詹发民,吴晓鸿,等. 圆锥、球缺药型罩聚能战斗部结构优化设计[J]. 爆破器材,2014(6):43-47.

[21] 周方毅,姜涛,詹发民,等. 高效聚能战斗部对含水夹层结构毁伤效应的研究[J]. 兵工学报,2015,36(增刊1):122-125.

[22] 周方毅,王伟力,姜涛,等. 变锥角聚能装药水中爆炸数值模拟研究[J]. 爆破,2012,29(4):99-102.

[23] 詹发民,周方毅,王兴雁,等. 高效聚能战斗部对圆柱壳靶板毁伤效应研究[J]. 舰船科学技术,

2014,36(6):73-77.
[24] 谭多望,孙承纬. 成型装药研究新进展[J]. 爆炸与冲击,2008,28(1):50-56.
[25] 谭多望. 高速杆式弹丸的成型机理和设计研究[D]. 绵阳:中国工程物理研究院,2005.
[26] 庞勇,于川,桂毓林. 球缺药型罩爆炸成型弹丸数值模拟[J]. 高压物理学报,2005,19(1):86-92.
[27] 李成兵,沈兆武,裴明敬. 高速杆式弹丸初步研究[J]. 含能材料,2007,15(3):248-252.
[28] 李成兵,裴明敬,沈兆武. 聚能杆式弹丸侵彻水夹层复合靶相似律分析[J]. 火炸药学报,2006,29(6):1-5.
[29] 秦友花,周听清,孙宇新,等. 爆炸成型弹丸的试验研究[J]. 实验力学,2002,17(2):160-164.
[30] 王成,恽寿榕,黄风雷. 同口径破—破型串联装药战斗部的实验研究[J]. 弹箭与制导学报,2003,22(2):31-34.
[31] 张雷雷,朱鸿瑞,黄风雷. 大锥角药型罩聚能装药结构对混凝土介质侵彻研究[J]. 弹箭与制导学报,2007,27(3):134-136.
[32] 吴成,胡军,万广明. 多模态聚能战斗部试验研究[J]. 弹箭与制导学报,2004,24(1):46-48.
[33] 廖莎莎,吴成,毕世华. 钨铜合金药型罩水介质中侵彻规律的实验研究[J]. 弹箭与制导学报,2011,31(4):99-101.
[34] 安二峰,杨军,陈鹏万. 一种新型聚能战斗部[J]. 爆炸与冲击,2004,24(6):546-552.
[35] 李传增,王树山,荣竹. 爆炸成型弹丸对装甲靶板的高速冲击效应研究[J]. 振动与冲击,2011,30(4):91-94.
[36] 黄正祥. 聚能杆式侵彻体成型机理研究[D]. 南京:南京理工大学,2003.
[37] 黄正祥,张先锋,陈惠武. 药型罩锥角对聚能杆式侵彻体成型的影响[J]. 南京理工大学学报,2005,29 (6):645-647.
[38] 曹兵. EFP 对有限厚 603 靶板侵彻的试验研究[J]. 火工品,2007(1):48-50.
[39] 曹兵. EFP 战斗部水下作用特性研究[J]. 火工品,2007(3):1-5.
[40] 段卫毅,杜忠华. LEFP 战斗部成型因素的正交设计研究[J]. 弹箭与制导学报,2010,30(2):123-125.
[41] Baker EL, Daniels A S. Barnie: A unitary demolition warhead[C]//Crewther I R. Proceeding of the 19th International Symposium on Ballistics. Thun, Switzerland: Vetter Druck AG, 2001:569-574.
[42] Funston R J. K-charge—a multipurpose shaped charge warhead[Z]. US patent 6393991, 2002.
[43] Mattsson K, Church J. Development of the K-charge, a short L/D shaped charge[C]//ReineckeW G. Proceeding of the 18th International Symposium on Ballistics. Lancaster: Technomic Publishing Co. Inc, 1999:528-534.
[44] Meister J, Hailer F. Experimental and numerical studies of annular projectile charge, [C]//Crewther I R. Proceeding of the 19th International Symposium on Ballistics. Thun, Switzerland: Vetter Druck AG, 2001: 575-582.
[45] Konig PJ, Moster FJ. The design and performance of annular EFP' st[C]//Crewther I R. Proceeding of the 19th International Symposium on Ballistics. Thun, Switzerland: Vetter Druck AG, 2001:749-754.
[46] Fong R, Ng W, Rice B, et al. Multiple explosively formed penetrator (MEFP) warhead technologies development[C]//Crewther I R. Proceeding of the 19th International Symposium on Ballistics. Thun, Switzerland: Vetter Druck AG, 2001:563-568.
[47] Fong R, Ng W, Tang S, et al. Multiple explosively formed penetrator (MEFP) warhead technologies for mine

and improvised explosive device (IED) neutralization[C]//2005. Flis W, Scott B. Proceeding of the 22nd International Symposium on Ballistics. Lancaster, U. S. A.: DEStech Publication Inc., 2005: 669 - 676.

[48] Richard F, William N, Bernard R. MEFP warhead technology development[C]// 20th International Symposium on Ballistics. USA, International Ballistics Committee, 2001: 563 - 568.

[49] Bender D, Fong R. Dual mode warhead technology for future smart munitions[C]//Crewther I R. Proceeding of the 19th International Symposium on Ballistics. Thun, Switzerland: Vetter Druck AG, 2001: 569 - 574.

[50] Steinmann F, Losch C. Multimode warhead technology studies[C]// Proceeding of the 21st International Symposium on Ballistics. Underdale S. A. 5032: Adelaide Expo Hire Pty Ltd, 2004: 728 - 735.

[51] 陈奎,李伟兵,王晓鸣,等. 双模战斗部结构正交优化设计[J]. 含能材料,2013,21(1):80 - 84.

[52] 顾文彬,瞿洪荣,朱铭颉. 柱锥结合罩压垮过程数值模拟[J]. 解放军理工大学学报(自然科学版),2009,10(6):548 - 552.

[53] 何洋扬,龙源,张朋军,等. 圆锥、球缺组合式战斗部空气中成型技术数值模拟研究[J]. 火工品,2008(4):33 - 37.

[54] 傅磊,王伟力,李永胜,等. 组合药型罩水介质中成型的数值仿真[J]. 鱼雷技术,2015,23(5):367 - 373.

[55] 晏杰. 聚能战斗部侵彻混凝土目标分析[D]. 长沙:国防科学技术大学,2005.

[56] 隋树元,王树山. 终点效应学[M]. 北京:国防工业出版社,2000.

[57] 王树有. 串联侵彻战斗部对钢筋混凝土介质的侵彻机理[D]. 南京:南京理工大学,2006.

[58] Birkhoff, G, Macdougall D P, Pugh E M. Taylor, G. Explosives with lined cavities[J]. J. Appl. Phys, 1948, 19, 563 - 582.

[59] Pugh, Eichelberger, Rostoker. Theory of jet formation by charges with lined conical cavities[J]. Applied Phyics, 1952, 23 (5): 32 - 41.

[60] Chou P C, Carleone J, Hirsch E, et al. Improved gurney formulas for velocity, acceleration and projection angle of explosively driven liners[J]. Propellants, Explosives, Pyrotechnics, 1983, 8: 175 - 183.

[61] Flis WJ. The Effects of Finite Liner Acceleration on Shaped Charge Jet Formation. 19th International Symposium of Ballistics[C]. Interlaken, Switzerland, 2001.

[62] Defourneaux M. Theorie Hydrodynamique des charges creuses [J]. Memorial del Artllerie Francaise, 1970, 44 (2): 293 - 334.

[63] Haywood J. H. Response of an Elastic Cylindrical Shell to a Pressure Pulse [J]. Quarterly Journal of Mechanics and Applied Mathematics, Vol. Part 2, 1958, 129 - 141.

[64] Rubin A M. Ahrens T Dynamic Tensile Failure Induced Velocity Deficits in Rock [J]. Geophys Reslett, 1991, 18(2), 219 - 223.

[65] 黎春林,谢乐平. 单兵攻坚战斗部的实验研究[J]. 弹箭与制导学报,2003,23(1):57 - 60.

[66] 亨利奇. 爆炸动力学及其应用[M]. 熊建国,译. 北京:科学出版社,1987.

[67] 李翼祺,马素贞. 爆炸力学[M]. 北京:科学出版社,1992.

[68] 熊瑞红,袁志华,王昭明. 球缺形药型罩形成 EFP 的数值模拟及其优化设计[J]. 沈阳理工大学学报,2010,29(2):19 - 22.

[69] 赖建云. 爆破战斗部及其在反水雷武器中的应用[J]. 水雷战与舰船防护,2006(3):16 - 19.

[70] 王兴雁,张可玉,詹发民,等. 锥形微元划分方法的聚能装药射流参数的计算[J]. 爆破,2002,19

(4):31－34.
[71] 周方毅,张玮,张可玉,等. 两类装药接触爆炸对目标作用分析[J]. 工程爆破,2012,18(1):1－5.
[72] 周方毅,詹发民,张可玉,等. 一种水下聚能破礁装置研究[J]. 爆破器材,2009,38(1):23－25.
[73] 张国伟,韩勇,苟瑞君. 爆炸作用原理[M]. 北京:国防工业出版社,2006.
[74] 张守中. 爆炸与冲击动力学[M]. 北京:兵器工业出版社,1993.
[75] 中国力学学会工程爆破专业委员会. 爆破工程[M]. 北京:冶金工业出版社,1996.
[76] 杨世昌. EFP 侵彻水介质靶板机理仿真研究[D]. 南京:南京理工大学,2009.
[77] 郭志俊,张树才,林勇. 药型罩材料技术发展现状和趋势[J]. 中国钼业,2005,29(4):40－42.
[78] 杨莉,张庆明,巨圆圆. 爆炸成型弹丸对含水复合装甲侵彻的实验研究[J]. 北京理工大学学报,2009,29(3):197－200.
[79] 侯妮娜,池建军. EFP 战斗部的形成过程及影响因素[J]. 四川兵工学报,2008,29(2):62－63.
[80] 王前裕,谢圣泉. 线性聚能切割器在岩石预裂成缝中的应用[J]. 中国矿业,2001,(3):37－41.
[81] Bransky I,Faibish E,Miller S. Investigation of shaped charges with conical and hemi spherical liners of tungsten alloys[C]//. In:The Proceedings of 9th International Symposium on Ballistics Part Two. Royal Military College of Science,1986: 237－241
[82] Jamet F,Lichtenberger A. Investigation of copper－tungsten shaped charges liners[C]//. In:The Proceedings of 9th International Symposium on Ballistics Part Two. Royal Military College of Science,1986: 233－236.
[83] 王凤英,刘天生,苟瑞君,等. 钨铜镍合金药型罩研究[J]. 兵工学报,2001,22(1):112－114.
[84] 胡书堂,王凤英. 药型罩对聚能破甲效应的影响浅析[J]. 理论与探索,2006(6):76－79.
[85] 潘国斌,李彬峰. 聚能罩壁厚对切割效果的试验研究[J]. 西安矿业学院学报,1999(增刊),144－150.
[86] 李彬峰,潘国斌. 聚能罩壁厚对切割效果的影响[J]. 爆破器材,1999(6),16－19.
[87] 陈忠富,卢永刚,等. 不同材料壳体装药对爆破威力影响分析[J]. 解放军理工大学学报(自然科学版),2007,8(5):429－433.
[88] 李翼祺,马素贞. 爆炸力学[M]. 北京:科学出版社,1992.
[89] 高尔新,李景云,冯顺山. 带壳聚能装药的实验研究[J]. 实验力学,1996(2):205－210.
[91] 高尔新,李建平,李景云. 带壳有隔板聚能装药的实验研究[J]. 爆炸与冲击,1996(2):166－170.
[91] 陈忠富,卢永刚,等. 不同材料壳体装药对爆破威力影响分析[J]. 解放军理工大学学报(自然科学版),2007,8(5):429－433.
[92] 姚熊亮,徐小刚,张凤香. 流场网格划分对水下爆炸结构响应的影响[J]. 哈尔滨工程大学学报,2003,24(3):237－244.
[93] Chon P C,Carleone J,Jameson R. The Tip Origin of a Shaped Charge Jet Propel [J]. Explosive,1977(2):128－130.
[94] Zhou FY,Jiang T,Wang WL,et al. Simulation study on tapered and spherical shaped charge under Underwater explosion[C]. Mechatronics and applied mechanics,2012:852－855.